"家有萌宠"系列图书

教你读懂

狗言狗语

郭锐 主编

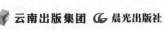

云南出版集团 晨光出版社

图书在版编目（CIP）数据

教你读懂狗言狗语 / 郭锐主编 . -- 昆明 ：晨光出版社，2018.8
（"家有萌宠"系列图书）
ISBN 978-7-5414-9826-8

Ⅰ . ①教… Ⅱ . ①郭… Ⅲ . ①犬－驯养 Ⅳ . ① S829.2

中国版本图书馆 CIP 数据核字 (2018) 第 161462 号

教你读懂狗言狗语

JIAO NI DUDONG GOU YAN GOU YU

郭锐　主编

出 版 人	吉 彤
策　划	吉 彤 温 翔
项目执行	金版文化
责任编辑	杨亚玲
装帧设计	金版文化
邮　编	650034
地　址	昆明市环城西路 609 号新闻出版大楼
出版发行	云南出版集团　晨光出版社
电　话	0755-83474508
印　刷	深圳市雅佳图印刷有限公司
经　销	各地新华书店
版　次	2019 年 1 月第 1 版
印　次	2019 年 1 月第 1 次印刷
书　号	ISBN 978-7-5414-9826-8
开　本	711mm×1016mm　1/16
印　张	13
定　价	45.00 元

凡出现印刷质量问题请与承印厂联系调换
质量监督电话：0755-83474508

目录

Part 1

走进狗狗的语言、行为世界

Part 2

解读狗狗肢体语言，读懂狗狗心事

纠正狗狗问题行为，让狗狗生活得舒适又安全

狗狗特训，教出狗绅士狗淑女

Part **5**

建立你与狗狗之间的信赖、亲密关系

Part 1

走进狗狗的语言、
行为世界

狗是我们的朋友、伴侣和忠诚的守护者，

我们是它的爱恋和主人。

它用**忠诚和信赖**追随我们的脚步，

我们提供给它遮挡风雨之所、衣食无忧之家。

理解狗狗的语言、行为，

更有助于我们**了解狗狗的内心世界**。

狗起源于狼，
但狗就是狗

🐾 强烈的自然"群体"意愿

　　狗有极强的意愿融入并成为"群"的一分子。这可以追溯到从前，狗结成群可以有效地抵御外界猛兽的攻击，有利于生存和繁衍下来。而且，建立内部高低尊卑秩序，可以决定哪只狗优先进食和繁衍后代。

　　在野外的狗群里，狗狗之间相互厮打咬啮以致受伤是不利于生存的，因此在狗群中发展出一系列行为规范，包括身体姿势、瞪眼、咆哮等表情用以解决冲突、决定尊卑，以免发生打架流血事件。这种戏剧式的肢体与脸部表情的语言成为有效地表达意念与反应的沟通工具。这种"群"的行为使狗很容易成为人类亲近的伴侣。狗喜爱社交，也爱与人为伴。老人与小孩有较多时间可以与狗相处，因此常常会建立起特殊的亲密关系。

🐾 气味标记

公狗有强烈的欲望，常以撒尿的方式留下它的气味标记，以此来界定地盘。为了确保自己的地盘，公狗排尿非常频繁，在别的公狗留下标记的地方再作"标记"，企图以自己的气味压盖过其他的狗留下来的气味标记。

除了排尿，狗狗还通过后肢掘土做标记，因为狗狗的后脚掌汗腺分泌也可用于气味标记。狗狗偶尔也会在具有强烈气味的物体上打滚，将这些气味沾在身上，加强自身的气味。常见的例子是猪和鸟的粪尿，这些气味对人而言是难以忍受的，狗却常常拿它来做自己的标记，让主人好没有面子。

🐾 嗅闻

狗的嗅觉非常灵敏，其嗅脑、嗅觉器官和嗅觉神经极为发达。狗的鼻子长，鼻黏膜上布满嗅神经，能够嗅出稀释一千万分之一的有机酸，特别是对动物性脂肪酸更为敏感。狗的嗅觉能力超过人的1200 倍。

通常，狗狗是通过互相嗅闻来达成初步认识的。有时我们会看到两条素不相识的狗狗一见面就互相转着圈子闻来闻去，这是狗狗之间社交活动的第一步，并且大部分是互相绕圈、嗅闻，此时任何攻击的迹象都会引发一场打斗。

🐾 为领土而战

狗狗的领土意识特别强，保卫家园及其居留地以防人类或其他狗入侵是狗狗的本能。在家中，狗视主人为"群"的领导者，它会自告奋勇地负责起群体的防卫工作。如果一个陌生人被主人接受，狗也会接受这位陌生人。当狗主人不在时，狗狗会取代他的地位负起保卫地盘的责任，这时它们的行为表现就会大为不同，即使是只小型安静的母狗也会显露出"地盘攻击性"。

狗狗们无声的交流方式

　　狗和我们人类一样，都有情感和需求，它们天生对感情坦诚。在向对方表达感情时，狗有自己的一套语言体系。相比于人类丰富的语言表达方式，狗的"语言"不一定要通过嘴巴说出，而是建立在细腻的动作、气味、声音、肢体、气势、氛围和领土上。它们经由一系列的信号与其他的狗沟通，而人们则通过观察狗狗的耳朵、眼睛、嘴巴、尾巴等肢体的动作来理解狗狗的心声。可以说，狗狗与我们进行着"无声的语言交流"，它们天性忠诚，一旦与饲主建立起信赖关系，就会对主人不离不弃，而它们的要求很简单——提供给它们遮风挡雨之所、全心全意的陪伴。而作为被狗狗完全信赖的我们，了解狗狗如何进行交流、如何传达自己的情绪和需求，对我们与狗狗建立亲密信赖的关系尤为重要。

以肢体语言"说话"

　　肢体语言是狗最主要的交流方式，狗会用眼神、尾巴、耳朵和普通的站立姿势来传达意愿。在安静祥和时，狗的身体姿势放松，面部表情平和，耳朵停留在正常位置（品种有别），尾巴下垂，身躯不会拱起或提升，眼睛微闭，唇部与颈部肌肉松弛。

　　而当狗狗要向另一只狗显示权威和优势地位时，它的身躯会稍微拱起，准备随时采取行动。它会通过摇头、摇尾巴、竖耳朵和竖毛以及眼神接触来提示对方："我是自信无畏的，你又凭什么？"如果另一只弱一点的狗想回复

"老大，我什么也没有"，它就会垂下尾巴和耳朵，可能还会弯腰屈膝，或是舔嘴表示顺从。有时一只狗会将前爪放在另一只的背部或尝试接近驾乘另一只狗。大部分情形下狗能很轻易地区分出差异，终止交流或进入游戏或和平分手。

用气味交流

狗拥有一套非常完整的气味交流方式，甚至超乎人们的想象，狗的嗅觉能力要比人类的敏锐 1200 倍，可以发现和辨别人类嗅觉以外的气味。

当狗狗与人打招呼时，鼻子和屁股会形成一条线，狗的肛门腺就在尾巴之下，每只狗的分泌物是不一样的，狗可以区别这种人类勉强可以闻到的气味，这比我们在电话中辨别人还要厉害。狗甚至可依此判断另外一只狗的年龄、性别、强弱和健康状况，或者它是否变了。

狗走到哪里，都可以收到和发送气味信息，撒尿做标记是它们的一种主要交流方式。标记用的尿味和平常是不一样的。狗通过在不同地方留下标记来表明那是自己的领地。

散步的时候，你可能会看到你的狗在地上嗅闻并撒尿。这可能是它闻到了其他狗的尿味，然后它会想："噢，这是我的树，不是你的。"于是重新在树上做标记。

视觉信号

当两只陌生的狗在无人带领下自由相遇时，视觉信号就取代气味信号。它们会花一段时间相互认识。开始时狗会站直，再慢慢小心靠近，经常采取间接绕圈互相接近。直接接近常被解释为有威胁性的动作。靠近后互相嗅闻，先闻头部脸部，再闻味道最强烈的生殖器部位，接下来狗可能就此走开，交流结束。

嬉斗的作用

如果你经常带着小狗上街，就有机会碰到别的一些小狗，它们会很乐意在一起玩一会儿，有些还会成为真正意义上的朋友，而它们玩的主要方式就是嬉斗。游戏式打斗看起来很粗野，但都是明确依据它们的社交规范进行的，不会重咬，也很少有明显的强迫行为。

嬉斗除了作为娱乐方式之外，也是它们决出胜负排名的方法。这也是一只排名较低的狗向另一只狗挑战或篡位的好方法。决出胜负时，一只狗会把自己的头放在另一只狗的肩上以显示自己的优势地位。最后，输的狗通常会在地上不停地打滚，用它自己的方式"叫大哥"。

用声音讲话

人是语言动物，自然而然认为吠叫是狗的主要交流方式。然而，对狗来说，其他方式如肢体语言、嗅味标记远比声音重要。但是，吠叫、哀叫、低吼、嚎叫和咆哮在狗的生活里仍占了一席之地，它们声音的表达范围很广。狗如何说话取决于它们的心情和需求，你需要纵观全局才能明白狗在讲什么。

声音的秘密

狗的声音充满变化，这就是它们可以用声音来交流的秘密，这也是许多动物语言共通的原则。通过听节奏、调子、音高以及整体的语气，你可以非常准确地了解到你的狗正在试图表达什么内容。

声音的高低

一般而言，体型较大、较具攻击性的动物发生的声音都较低沉，而体型小且不具威胁性的动物的声音都较高，这算是一种基本的法则，而动物都依照这些规则来辨别危险。如果狗发出低沉的吼叫声，就是表达愤怒或威胁挑衅的意思；狗若是发出高音则是表示相反的意思，像以呜咽或哀鸣声显示本身的弱小及善意。决定要攻击或逃跑的狗是不会发出声音的，声音只有在试图改变对方行为时才会发出，当狗意识到必须决一死战或是逃之夭夭时，就不会再发出声音了。

声音持续的长短

基本上较短的声音代表了恐惧、痛苦或是哀求，就像哀鸣声缩短就变成了急叫声，表示狗遇到痛苦的事情；假如哀鸣声拉长就变成呜咽声，这是表示友好的意思。所以声音持续时间越长，就代表了狗越清楚自己坚持的意愿。

声音的重复频率

快速而重复的声音代表着兴奋与焦急，而有一搭没一搭的叫声则代表兴奋程度较低或是临时兴起的念头。如果狗狗对着窗户叫一两声，表示对某件事有点意思；若是狗对同一扇窗户连续吠叫，那就表示狗认为事情很重要，甚至可能是危险状况。

人的回应

不管人们多么努力地尝试，狗是不会擅长语言的，它们听我们的大部分语言就像噪音，所以有时候狗的主人就会通过吠声、怒吼或哀声来传达信息给狗，指挥狗去做要求它做的事情。人也是不擅长狗的语言的，但是有些时候一声怒吼或是叫喊就给狗传达了一个清楚的信息，更甚于用语言表达。而且在特殊场合的一声吼叫能清楚地告诉你的狗：你欣赏它。

狗不常用声音来交流，它们主要依赖非文字性的语言，例如气味、姿势等。因为它没有人类一样的定义明确的词汇表，所以没法将某种吠声与"外出"或是"把什么东西拿过来"相对应。另外，人类的声带不能正确地发出类似狗的吠声，你可以用怒吼来警告你的狗狗快离开睡椅或是呵斥着以引起它的注意，但是这些声音都不能传递你想要表达的信息。

如果我们对着狗儿吠叫，大多数的狗会嘲笑我们。它们的听力远比我们好，我们不可能正确地模仿它们不同吠声的音调，这并不是说当你模仿狗叫时狗不会做出相应反应，而是它们不会清楚地知道你所要表达的意思。它们可能会回应你的叫声，至少会有趣地看一会儿，那是因为它们对你的肢体语言、声音的音调和你热情的态度感兴趣。

人的怒吼

愤怒的狗有时候会发出一声长而低沉的怒吼。在犬科动物中，大部分是那些高等级的狗在怒吼，其他等级较低的狗就相对没有怒吼的狗那么自信。所以，狗的怒吼与它的领导地位或条件是相联系的。人们可以利用这点，当需要传递代表威信和权力的信息时，或当狗正在做一些不该做的事情时，给它们一个低沉的充满怨气的怒吼，让它意识到最高等级的"狗"（指的是你）不高兴了。有时你不需要用怒吼来达到这个效果，只要降低你的声音，用一个低沉、延长的音调说"嗨——"也可以传递同样的信息。

狗是这样用气味
来与人交流的

狗朝一棵树抬起它的脚并不代表不文雅，它只不过是在公告牌上做标记。狗尿的气味就像人的指纹一样独一无二。狗通过嗅树、电线杆和消防栓上的气味来收集大量的别的狗留下的信息。比如，在发情期的母狗和不处在发情期的母狗的尿中含有不同信息素的气体分子。

狗通过互相嗅对方的脸来介绍自己，因为这是得到最多注意的方式。灵敏的嗅觉让它们彼此间了解很多信息：这条狗有几岁，什么性别，阉割还是没有阉割，亲戚还是陌生人。

气味也揭示了一条狗的自信程度和社会地位以及那一刻的心情。狗把所有信息综合在一起，然后很快就知道它和另一条狗之间可能会是什么关系。狗还会嗅着它们不认识的狗的踪迹到很远的地方，然后互相嗅闻，像老鼠之间会经常嗅对方一样。这或许是狗的一种简单的寒暄方式，就好像在说"你今天怎么样啊"，在"闲聊"中了解对方的许多情况。

一辈子都关在屋里的狗也会把自己弄脏，并在有难闻气味的东西上打滚的本能，这是伪装！它们这样做是利用生物的气味把它们和那些它们正要捕食和靠近的猎物区分开！现在，狗并不需要去想很多关于猎物和捕食的事情，但它们还是有着强烈的驱动力。

人类的气味
告诉了狗什么

你的狗知道你的气味，并且把它和其他所接触的人的气味一起放在它的记忆中。你的狗对一些人的记忆是喜爱，而对另外一些人是恐惧和厌恶。当它遇到他们的时候，气味记忆就会被激发出来。

狗最珍贵的气味记忆就是它们主人的气味，这种熟悉的气味传达着舒适和安全。所以当你不得不离开很长一段时间的时候，请留下一件旧的衣服给你的狗，这件衣服上有你的气味，它会给你的狗带来安慰。

不管你信不信，你的狗能通过你的气味知道你的心情，因为一个人身体的气味会随着他的心情而改变。

研究发现"高兴的眼泪"与"伤心的眼泪"包含着不同的化学成分，一些专家相信狗能区分出来，并迅速知道是否该挠你的手或者远离你，直到你平静下来。

香气、除臭剂、香烟味和其他气味聚集在你的皮肤和衣服上，可形成一个人独特的个人味道。

狗不介意你是否有汗臭味或者你手上有辛辣味的东西，但是有些气味会把它们赶跑，这主要是柑橘类的气味，像柠檬和橙子，还有些辛辣的气味像辣椒等。它们特别不喜欢香茅醛的气味，所以通常可以喷一些这种气味的喷剂使狗远离某些区域。

还有些气味是吸引狗的，却往往把我们赶跑。比如垃圾的气味对狗来说就像是美味的大杂烩，但是对于我们人类却是臭不堪闻。

一只行为举止良好的狗
去哪都受欢迎

行为良好的狗在任何地方都受欢迎，无论它们是否会听从命令坐下或拿报纸进来，狗所显现出来的礼仪能使它们得到应得的友爱和关注。

松狮犬有着可爱的脸庞和金子般的心，它们会英勇地保卫它们的家庭，也有足够的耐心，允许孩子把它既当玩具又当枕头。偶尔也会把它的身体压在猫的垃圾箱上，猫对它却没什么好印象：它坚决相信那只狗是它见过最粗鲁的东西，毕竟，那是猫的小盒子。这就表明，狗的良好举止也会成为另一个家庭成员间的问题。

什么是良好举止

狗总是会做人类（和猫）不能理解的事情，因为它们与人类（和猫）的文化背景不同。这种观点上的差异使得"良好举止"的定义不能很精确。我们所谓的行为问题通常对人类来说是问题，而对狗却不是。

比如，狗咬鞋子是因为狗本来就爱这么做。它在选择目标时可能会疑惑，但它并不想造成任何伤害。狗有时会把客厅当成 500 米跑道，它可能只是在宣泄过剩的精力，而不是想把你逼疯。

但不管它们各自的背景、品种以及兴趣如何，所有的狗都必须知道一些基本礼仪规范。它们至少要知道以下规范：

 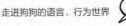

不能损坏家具；

大小便要在户外而不是屋内；

无论何时都要随叫随到；

必须总是规矩地跟着牵带走，而不拉扯；

必须尊重人们，不能表现出攻击性。

　　每个人都可能会在这张单子上再加些个人喜好上去，但无论怎样，我们都应指导和规范狗狗的基本礼仪。狗的可塑性很强，并且渴望和人做朋友，因此它们学会被要求的东西并不太困难。

懂礼仪的狗狗惹人爱

　　食物是一种很有力的激励，狗狗们愿意做任何事情来得到更多一点的食物。但我们要让狗狗知道，食物盒的钥匙由我们掌握。为了清清楚楚地建立起食物和行为的关系，我们应该教会狗狗一个简单的规则：生活中没有什么是免费的。

　　在每次给狗狗喂食时，应该下指令让它做点事情，如坐下、躺下、走向你等。当它需要通过你的指示才能得到食物时，狗狗总是显得很乐意合作的。

　　逐渐地，狗狗将学会一条重要的规则：当听从你的指令时，它就会得到食物。如果总是在完成这些指令后得到一些食物奖赏，那么它就会开始变得随时注意你有什么指示，这就是养成狗狗良好举止的秘诀所在。

狗狗能懂你
的所思所想吗

人们推测狗的超感官能力由来已久，大多数科学家认为狗的先知是一种巧合。但是有的狗却可以准确无误地预测到它的主人何时回家，还会主动走到门前迎接主人。看来动物心灵感应的现象确实存在，而它背后的关键则是宠物和主人的联系紧密程度。

在可感觉的领域中

俗话说"狗通人性"，但是不能很确定地说狗是否可以预见未来或是读懂它们主人的心思。不过，狗和其他许多动物的感官能力确实超出了我们想象的范围，很多动物在没有指南针或地图的情况下可以长距离地旅行。譬如家养的信鸽可以凭借地貌和地球的磁场来找到回家的路；成群的蝴蝶在墨西哥过冬，然后飞回科罗拉多的岩石山……

很多迹象表明，狗可以靠心灵感应传递信息，狗与狗、人与狗以及狗与其他动物之间的联系都有其各自的传递方式，或者更换信息，或者完善感觉信息。譬如狗常以敌对的关系对待猫，因为狗对猫的嫉妒心很强，但通过人的各种表情和训练，狗会领会主人对猫的钟爱，从而与猫和平相处。

狗的这种心灵感应可能是由于狗的超强感官能力和它们的观察能力。因为主要以非语言方式进行交流，所以很有可能它们是读懂我们的身体，而非我们的大脑。这或许可以解释为什么你在想带它们去散步或是喂食时，你的狗会突然跳起并期待地望着你。人总是在传递着无意识的信号。你的狗可能是看到了你不同的身体动作——你看橱柜的样子或是体态的变化。我们身体语言的变化如此微妙，以致我们人类自己从没注意到它，但是狗会注意到，因为它们就是靠它们的观察能力生存的。

心灵感应

大多数科学家都怀疑狗可以读懂人类的心思，但人类也有可能读懂宠物的心思。人类天然有能力可以用心灵交流，这种能力通常在幼儿时期最强，而在成人期变得迟钝。

人与动物之间的想法交流不是基于生理感官，而是真的心灵感应。因为心灵感应的交流是超乎语言，而不是生理上的，所以它可在一段距离上进行。动物经常跟在人的身后，它们想知道他们在哪里和他们正在做什么。

所以当你试图用这种方式与狗交流时，需要注意的是你不能预想它们在说或是做什么。成为一名出色的狗的聆听者需要大量的练习，尤其精神上的感应更是需要练习。即使不能正确获知你的狗所传达的信息，你也得保证你的狗可以听到你——可能不是确切的语言，而是你释放出来的热情与积极的感觉。

成为一个
好的狗语聆听者

狗狗凭借其敏锐的观察能力可以读懂人类的心思，而作为饲主，如果能读懂狗狗通过肢体和语言传递的信号，就能与我们的狗狗建立亲密而默契的关系。做到以下几个方面，可以帮助我们更好地读懂宠物狗的语言。

留心观察你的狗狗

狗的品种繁多、相貌各异，可以说，每一只狗的身体特征都不一样，当它们做出任何表情时所呈现的肌肉紧张程度也不同。例如，狗的耳朵放松表示平静；耳朵竖起显示它是警惕和专心的。

在狗的肢体语言中，有时会出现"鲸鱼眼"（也叫"半月形的眼"），这是当狗处于紧张氛围下，狗眼周围肌肉收缩，白色眼球形成半月形所致。我们平时观察狗的眼睛，会发现有很多是白色眼球，但有些却只能看到黑色眼珠。如果我们想要弄明白出现白色眼球的原因，那么就需要留心观察狗狗平时在安逸状态下眼球的正常模样，并将此记录下来，这对我们理解狗狗的肢体语言大有帮助。

综合观察狗狗肢体各部位

要真正理解你的狗狗在说什么，不要单从一个部位的动作去武断推测，而要综合不同部位的动作、表情、眼神、声音、肌肉变化来理解。除此之外，狗狗还会通过体温、呼吸、脉搏跳动和视线转移速度的变化来传达情绪。可以说，狗的全身都在"说话"，并形成了一套属于狗的"语言体系"。因此，我们在理解宠物狗的语言时，要通过观察狗狗身体、行为、声音来综合判断。

结合环境理解你的狗狗

理解狗狗的"心思"时，要结合环境的变化和事情的发展脉络。因为在不同的环境下，同一个动作也可能传达不同的意思。

例如：狗狗不停地抖动身体，这是在传达什么信息呢？是洗澡后惬意的甩水动作，还是散步时处于嘈杂人群中而舒缓压力？除此之外，狗狗其他肢体部位的同一动作传递的情绪也会因环境的不同而不同。如果我们能根据与往日环境的不同和所发生事情的前因后果来考察，那么也就能相对容易地理解狗狗的肢体语言了。

呼吸也是语言

狗狗过度紧张会造成围绕在横膈膜附近的肌肉收紧，横膈膜的移动被限制，呼吸就变得短而急促。相反，如果缓解了紧张情绪，呼吸也会变得顺畅，从而吸入更多的氧。

狗的呼吸也是传达语言的重要介质。生活中通过观察自家狗狗如何呼吸、什么情况下会呼吸变化、如何变化，对我们理解狗狗语言也大有帮助。

而主人的呼吸也给狗狗传达很多信息。人在紧张或激动时，呼吸会变得短而急促，狗狗会马上察觉，而当它在紧张时，也会不自觉地呼吸困难；当我们情绪失落、沮丧时导致呼吸变化，狗狗也会感受到并表示不安，大声吠叫。

因此，作为狗狗的亲密伴侣，在与狗狗相处时我们要表现出友爱和愉快，像一对亲密朋友或甜蜜恋人般度过你们的相处时光，狗狗也会收获好心情。

每条狗狗
都应该知道的指令

狗在学习命令的时候能力惊人。经过特定训练，用来表演、工作或服务的狗狗常常懂得几十种命令，包括单词、声音和信号。大多数宠物狗只需要知道 10 种命令就可以和你以及周围世界快乐相处了。

等着
有些狗在通过门口或是经过狭窄的走廊时总是要挤到前面去。告诉它们"等着"，让它们知道它们必须在你同意以后才能过去。

坐下
这是容易且行之有效的命令之一。知道怎么坐的狗不太可能会跳到你或其他人身上，或是和别的狗打架、在街上拽着你闯红灯。

躺下
和"坐下"命令一样，都属于狗狗的基本礼仪。当狗要休息几分钟时，这个姿势比坐着要舒服。

跟上
除非你居住在乡村，或是你的狗从来没有看见过繁忙的马路，或者它从不栓上狗绳走路，否则的话，它就要听懂这个命令了。发出"跟上"指令时，你的狗狗应该走在你的左边，既不落下也不冲到前面去。要大狗听懂这个命令特别重要，否则它们无情地拉着狗绳走就会让散步变成像工作那么累。

过来
这是一个关键的命令。一发出这个命令，狗就应扔下正在做的事情立即转头跑过来。这个命令可以避免它们在街上或是公园里撞到人，还可以在它们飞奔的时候把它们叫回来。

| 站着 | 这个命令告诉你的狗狗不要乱动，保持安静。在为它理毛、洗澡、检查身体或是在潮湿天里把它吹干的时候，这个命令很有用。 |

| 离开 | 没有什么狗会不偏爱昂贵的沙发或是舒服的被子。理解"离开"这个命令的狗并不一定会不碰家具，但至少它们听懂命令后就会立即离开，这个命令也告诉它们不要跳到你或其他人身上。 |

| 好 | 狗很喜欢这个命令。"好"意味着它们做得棒；也意味着你命令发布完了，它们暂时可以休息一会儿；也可以表示吃饭时间到了。 |

| 吐出来 | 狗看过（并尝过）后就能判断这是不是一样好东西。"吐出来"就是叫它们放弃美味，比如垃圾堆里的骨头或是你的拖鞋。这对没有很好地学过"吐出来"这个命令的狗来说是个挑战，这也意味着它们必须把嘴里的东西都吐出来。它们未必喜欢这么做，但只要你从它们小的时候就开始教这个命令，它们就会这么做。 |

| 上床 | 这个命令告诉你的狗狗该去睡觉的地方了。这不仅在狗睡觉的时间有效，在你希望它安静一会儿的时候也同样有效。 |

寻求专业人士
解决狗狗行为问题

当我们买回来一只幼犬，它的各种举动都很可爱，但除了一点——喜欢在家里随地大小便。明明之前就有教，为何还是如此？还有一些饲主反映，平时周末好不容易有时间牵着狗狗出去散步，但狗狗好像并不愿意……类似的狗狗"不配合"的现象，归结起来都可以称为狗狗"行为问题"。

为什么狗狗会出现类似的"行为问题"呢？其实，在与狗狗的相处中，狗狗以自己的观点来看主人对狗狗的行为时，产生了"那是理所当然"的结论，所以形成问题的原因，主要还是在饲主身上。

很多饲主一开始会认为，狗狗还在幼犬阶段，情绪不稳定，等到长大了就会变得稳定和听人话了。这种谬论是导致许多狗狗行为问题演变得愈加恶化的推手。狗狗的行为问题不是放着不管就会没事的。如果长期如此，狗狗还会发生更大的行为问题，甚至导致严重的行为事件。所以，作为狗狗的主人，我们有责任教会狗狗基本礼仪，让狗狗在人类社会中过得快乐幸福。

有些饲主发现了狗狗的行为问题，也意识到了要去纠正和教导狗狗，但是，在自己并不完全掌握驯狗基本知识的情况下，自行看训练手册，在错误的尝试中陷入恶性循环，也会导致适得其反的结果。

其实，在自己无法解决狗狗行为问题，或是希望与自己的狗狗达成更好默契和理解的饲主，不妨去寻求专业的动物行为学家——行为治疗师帮助。行为治疗师专门研究狗狗的生态、行为学、心理学，运用行为疗法致力解决狗狗的行为问题。他们与宠物医生"兽医"的职业领域不同，兽医是治疗狗狗身体问题（临床）的角色，而行为治疗师则是解决狗狗行为及心理问题的角色。可以说，他们是狗狗的"精神科医师"。在有些时候，行为治疗师也会和兽医合作解决狗狗的行为问题，在治疗狗狗身体疾病、行为咨询和行为纠正等过程中相辅相成。

因此，在遇到棘手的狗狗行为问题时，不要一个人独自烦恼，去寻求狗狗行为治疗专家的协助吧。你开心了，狗狗也获得好心情。

猫言狗语，
猫狗的误会

　　家里又迎来了新朋友，你将新买的狗狗带进家门，家里的老猫立刻提高了警惕，似乎感觉到自己的家庭地位受到威胁，一开始就表现出对狗的警惕和戒备。猫眼睛瞪得圆圆的，怒目而视；而狗面对着眼前这个体型小它好几倍的家伙，摇了摇尾巴，举起一只狗爪，似乎要恐吓这个自不量力的小不点。一场猫狗大战即将开打！

　　在现代家庭生活中，同时养猫养狗的家庭与日俱增，有些主人会看到猫狗相遇的场面确实表现得不太友好。那么，猫狗真的是天生的冤家吗？其实，现实生活中，家里的猫狗是能够和平共处的。如果它们之间存在交流障碍的话，原因多归于不同物种之间语言和行为的差异带来的误会。

　　同种动物之间的沟通一般都非常顺利，例如狗与狗之间，它们都是狗，都说狗话，交流中没有什么问题。不同物种的动物之间的沟通虽然不那么顺畅，但也应该是没什么大问题的。事实上，狗与猫之间也是常常在对话的，譬如领地主权问题、猫的安全问题、狗的娱乐问题等等。不过它们当然不是利用所谓的"口语"对话，如果认真观察猫狗那不到一秒钟的短暂交锋，你就会知道它们的对话有多么复杂快速。

　　让我们看看狗和猫不期而遇的场景吧。当从未见过面

的狗和猫相遇时，它们一开始都想表现出友好，慢慢地靠近对方，不用多久，两个小家伙就有了要进一步接触的意思。然而，问题跟着来了。狗为了示好而用力地摇起了它的尾巴，并伸出了一只爪子——这是狗的一种语言，意思是"来和我玩吧"，或是"给我点儿吃的东西"。但猫不解其意，它挺恼火，因为狗所做的摇尾和伸爪这两个动作在猫的语言里恰好是"走开，不然对你不客气"的意思。

因此，猫立刻警觉起来，并做好迎战准备。半晌后，发现狗并没拿它怎么样才算放了心。可能是为了缓和气氛，它又主动向狗表达自己的"好感"——发出舒适的"呼噜噜"的声音，意思是"咱们在一块玩吧"。而这种声音在狗的语言里却是挑衅，意思是"少烦我，要不然你死定了"。狗对此不能容忍，于是立刻狂吠起来。

可见，猫和狗的敌对情绪不是天生的，它们之间的宿怨是由于其语言互译时的误解造成的，而这没法解释，真可谓"越说越乱"。

控制狗狗情绪和行为
的神经传递物质是？

"今天感觉很舒服" "今天觉得很焦虑"……类似如此的感觉，我们经常会感受到。控制人的心情（情绪）的就是脑的"神经传递物质"。这类物质也同样存在于狗狗的脑内，并对狗狗的情绪和行为产生影响。其中一种物质的缺少或增加，都有可能导致狗狗出现一些异常的行为问题。

血清素

血清素是调节情绪的神经传递物质。狗狗如果缺乏血清素，情绪就会不稳定，变得具有攻击性、学习上产生障碍。有科学家做过实验，发现具有攻击性的狗狗脑内的血清素量相比不具攻击性的狗狗要少。而且，具攻击性的狗狗与"咬人前发出低吼"警告的狗狗相比，毫无警告就咬人的狗狗脑内的血清素量又更少。

如果你的狗狗平常就有情绪不稳定、焦虑、忧郁等表现，那么你就要想到可能是缺乏血清素引起的，以便调整与之相关的日常饮食和运动。

多巴胺

多巴胺是强化行为的神经传递物质。据说当狗狗受到赞美时，多巴胺的分泌就会高涨。如果每次狗狗都出色地完成了任务，或听懂了主人的指令做出正确的行为时，都能受到赞美和奖赏的话，多巴胺就会分泌而强化该行为，于是在重复的过程中，狗狗就会逐渐采取正确的行为了。

如果狗狗缺乏多巴胺的话，记性就会变差，容易感觉到焦躁，变得无精打采、毫无冲劲。

狗狗个性大不同，
哪种狗狗契合你？

在决定饲养一只狗狗前，如果只是因为"长得很可爱""动作很萌""是流行的犬种"等理由而将它带回家，在最初的新鲜感过去后就对狗狗不闻不问，不能给予应有的关怀教养，那么，就请不要随便开始。狗狗是生命，需要食物、运动、社会接触和情感关怀，如果忽略它的情感而只是随便放养在家里，久而久之，狗狗就会产生行为问题，狗狗也不会开心。这其实是很不负责任的行为。

世界上现存的狗狗有 450 多种，每一种狗狗都有自己的个性和特点。因此，我们不妨了解下不同品种的狗狗的禀性，来挑选真正契合自己的狗伴侣吧。

友善可爱的狗狗

对人友善的狗狗有拉布拉多犬、黄金猎犬、柯利犬、拳师犬、伯尔尼兹山地犬、纽芬兰犬、寻血猎犬、大丹犬、英国牧羊犬、圣伯纳犬等。它们天性亲人，在家不会乱吠，成熟稳重，能够安于居家的生活；缺点是虽然体型够大，却不适合看家。

居家可靠的狗狗有博美犬、吉娃娃、北京犬、马尔济斯犬、哈巴狗、拉萨犬。优点是体型娇小，外观漂亮，容易与人亲近，乖巧听话，适合养在室内；缺点是大多数为长毛狗，照顾上较为麻烦，依赖性强，生命力较弱。

防卫力强和独立的狗狗

防卫力强的狗狗有罗德西亚犬、松狮犬、牛头梗犬、獒犬、罗威纳犬、高加索山脉犬、秋田犬。优点是体格健壮，防卫能力很强，陌生人很难接近；缺点是与家人亲近程度平淡，需严加管教或训练，否则很难控制。

独立自信的狗狗有哈士奇、阿拉斯加犬、萨摩耶犬、柴犬、阿富汗犬、约克夏、雪纳瑞犬、米格鲁猎犬、波音达猎犬。优点是独立，自主性强，无须特别照料；缺点是生性顽劣，必须先了解其特质，才能对其进行有效的控制。

容易训练的狗狗

容易训练的狗狗是许多养狗新手的最佳选择，好训练的狗狗听话且聪明，是主人的好帮手。其品种和优缺点如下：

①品种：狼犬、澳洲牧羊犬、比利时牧羊犬、杜宾犬、贵宾犬。

②优点：聪明善学，身手敏捷，适应环境能力强，有些可以看家。

③缺点：活动力强，喜欢室外活动，部分狗狗如果运动量不够，会出现神经质的现象，比如乱跑乱吠。

观察与选择

年龄、血统和性别

　　年龄方面，选择两三个月大的幼犬较为理想。如果狗狗太小，会因为发育未完全而需要特别的照顾；如果狗狗过大，则对新环境的适应能力较差。在选择小狗时，尽可能在同一窝小狗中挑选，这样便于观察和比较。血统方面，如果经济条件允许，以繁殖或参加犬展为饲养目的的话，则应选择纯种犬；如果只是为了看家或者作为陪伴，可以选择杂种犬。性别方面，在对人的感情上，公犬和母犬是相同的，但是从性格来讲，公犬刚毅好斗，较为活泼，不如母犬温顺，在调教训练上也要比母犬多花费时间。母犬温顺、易调教，但每年有两次发情期，并且会因为配种和产子而增加许多麻烦。如果不想让母犬生育，应该做结扎手术。

体型大小和毛发长短

　　体型方面，要根据家里的饲养空间和饲养目的，并参考当地政府部门的相关规定，再确定饲养狗狗的体型。如果以上条件都允许，则可以选择饲养大中型的狗狗。毛发方面，优雅漂亮的长毛犬需要花很多时间为它打理被毛，否则被毛会纠缠在一起，不仅有损形象，也会使人感觉不舒服。如果饲养者没有足够的空闲时间，最好不要养长毛犬。购买狗狗时要注意毛发以柔顺为首选，不能太油腻、太干燥或呈硬块状，毛皮里也不可有虱子或跳蚤，尤其是家中有小宝宝的家庭更要特别注意。

观察身体细节

购买狗狗之前，一定要仔细地观察狗狗身体的每一个细节，特别要注意观察狗狗的眼睛、耳鼻、牙齿、肛门和骨骼，除了可以确认狗狗是否健康之外，还能知道狗狗是否有传染病。

🐾 眼睛

健康狗狗的眼睛清澈有神，睫毛干净整齐，眼圈微带湿润，无血丝和分泌物，颜色均匀。如果发现狗狗眼结膜（眼皮内侧）呈米黄色或苍白色，角膜（眼球最外层）出现浑浊、白斑、蓝灰色等症状，则不宜购买。

🐾 耳鼻

健康狗狗的耳朵都比较凉，鼻尖和鼻孔周围湿润且有冰凉感（睡眠时例外），耳孔干净，呈粉红色。如果狗狗耳朵上有紫红色或黑色的污斑、硬块，或者呈苍白色，或者翻开耳朵时发出臭味，则很可能不健康。

🐾 牙齿

健康狗狗的牙齿排列整齐，牙龈呈淡红色，无怪味（特殊品种除外）。

🐾 肛门

最好跟其他同类犬只比较，以便于观察肛门是否干燥。如果肛门潮湿，有可能是腹泻；如果腹部胀鼓，则可能患有寄生虫病。

🐾 骨骼

可以把狗狗抱起来，估测它的骨骼结实程度，并注意身体是否富有弹性，且背脊骨不凸出。

读懂连篇狗话

俯首、轻舔、爬跨

当狗狗把身体后端抬高、前端俯低，尾巴起劲地摇动，眼睛也闪闪发亮时，它是在对你说："一起来玩吧！"如果这个时候你表情严肃，它会用特别友善的方式表达，以期待引起你的注意、挑动你的情绪。这时候，请尽量接受它的邀请，哪怕只玩一会儿，都是对它友好邀请的响应。

如果你的狗狗不停地用舌头舔自己的鼻头，那么，它显然有些不安。它也许正在判断一个新的情况，或是为该不该接近某位客人而犹豫不决，也可能是在集中精神试图理解一个新的口令。如果不是很熟悉的狗狗，你千万不要贸然接近那些不停地舔鼻头的狗狗，此时它可能非常紧张，所以可能会对你造成伤害。当然，对于那些站在饭桌旁对着晚餐大舔鼻头的狗狗，其含义是不言而喻的。

当你的狗狗爬跨到另一只狗狗身上，或是站起来用爪子按住其他狗狗的身体时，它其实是在说："我才是头犬，你可别忘了这一点！"爬跨并不是狗绅士才有的行为，有些争强好胜的狗小姐也会这么做。犬主人们常常不明白同性狗狗之间为什么也会爬跨，其实这只是一种征服性的动作，很少有性的意味。

翻身和拱背

如果你的狗狗肚皮朝天，把爪子举向空中，它是在表示谦恭与服从。如果它在另一只狗狗面前摆出这个架势，那是在认输。如果这姿势是做给你看，含义就丰富了：有时候为了逃避一场预料中的训斥，它会翻着肚皮道歉；或者为逃避做一件不太情愿的事，也会这样耍赖；更多时候，

小狗只是想告诉你："来吧，来拍拍我的肚皮！"

拱背这个动作表示性的意图，如果它们是相配的一对，可以安排它们结合，否则应尽量避免发情期的异性狗狗交往。如果它是对人这样做，可以用声音来转移它的注意力。

摇尾巴的狗

"摇尾巴的狗是友好的"这种说法通常是对的，但也会有特殊情况出现，狗狗在感觉恐惧、激动或困惑时也会摇尾巴。一只受了惊吓的狗狗可能把尾巴低低地夹在两腿之间摇动，这时它在琢磨下一步的行动："我该战斗，还是投降？"一个愤怒的挑战者往往会高举着快速摇动的尾巴进攻或袭击，但也要注意观察情况：如果它最好的哥儿们刚刚外出归来，那它摇尾巴就是在表示欢迎；如果是别的狗正在它的碗里偷吃，那它摇尾巴就是表示抗议和愤怒。在搞不清狗摇尾巴表示什么意思时，还可以观察它如何分配身体的重量，挑衅的狗通常会紧张地把身体主要重量放在前腿上。

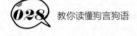

发情中的狗狗

　　年轻母犬在 10 ~ 12 个月龄，骨骼才停止生长，大型狗则更迟。母犬第一次发情时最好不要配种，等到第二次发情配种，可以使母犬在生理上更加成熟，产出更多的健康幼犬。一般母犬第一次发情期在 6 ~ 12 个月龄，小型犬在 6 ~ 9 个月龄发情，大型犬第一次发情比较迟，有时甚至要到两岁时才发情。母犬属于季节性单次发情动物，即每季繁殖，只发一次情。

　　正常母犬每年发情两次，一般在春季 3 ~ 5 月和秋季 9 ~ 11 月各发情一次。母犬发情时，身体和行为会有征兆，主要有以下 4 个阶段的表现：

①发情前期

　　发情的准备阶段，大约 7 ~ 10 天。生殖系统开始为排卵做准备。卵子接近成熟，生殖道上皮开始增生，腺体活动加强，分泌物增多，外阴充血，阴门肿胀、湿润光滑，流出带血的黏液。公犬常会闻味而来，但母犬不允许交配。

②发情期

　　发情征兆明显并接受交配的时期，持续 6 ~ 14 天。外阴继续红肿、变软，流出的黏液颜色变浅，呈淡褐色，出血减少或停止。母犬主动接近公狗，当公狗爬跨时主动弯下腰部，臀部对向公狗，将尾巴偏向一侧，阴门开合，允许交配。发情后 2 ~ 3 天，母犬开始排卵。

③发情后期

　　可分为两个阶段：第一阶段为黄体期，约 20 天；第二阶段，黄体激素开始消退，一直到乏情期，约 70 天。发情后期母狗外阴的肿胀消退，逐渐恢复正常，性情变得安静，不准公狗靠近。一般维持两个月，然后进入乏情期。如果此时已怀孕，则发情后期即为怀孕期。

④乏情期

　　生殖器官进入不活跃状态。一般为 3 个月左右，然后进入下一个发情前期。

在家里领导一群狗

人类和狗最明确的关系就是：人是领导，而狗知道这一点。特别是在有好几只狗的家里，尤其应该如此。

在任何一群狗中，不管有几只，等级都十分森严。其中有一只狗是领导，其他狗知道它在群体中的位置，知道自己该做什么。通常，狗会自己分出等级而不需要你的帮助。但狗主人有时会帮倒忙，因为他们试图使每条狗都保持平等，这会引起狗的紧张，结果就是打架来争夺领导权。每条狗都有它的位置，如果我们打乱这些，狗头领就要重新摆正它们的位置，因为在狗的世界里没有平等可言。

你可以判断一下，哪一条狗是领头的，并尊重它的权威，这样就能使家里的一群狗保持安定。要看出哪一条是领头的以及每条狗在群体中的位置，可以这样做：摸摸这只狗，把食物给这只狗，然后观察，当其他狗过来时，哪只不会撇下它最喜欢的东西离开。通常，不走的那一只是领导。

一旦知道哪只是首领之后，你要尊重它们的等级，也就是要注意让领头狗在什么事中都占先。比如，喂东西要先喂它，当你回家要先和它打招呼，出门时要先让它出去。它就会把这些额外特权当成它应得的，其他狗也一点都不会恨它，因为它们认为事情就应是这个样子的。

Part 2
解读狗狗肢体语言，读懂狗狗心事

你是否注意到，狗狗的**肢体语言**很丰富？

如吐舌头、打哈欠、摇尾巴、举起前爪等动作。

这些蕴含着狗狗情绪和意愿的"无声语言"，

作为主人的你能看懂多少？

本章带你探索**狗狗肢体语言隐藏的含义**。

放松信号

平稳站着或四肢着地

🐾 快乐、安静、放松

狗狗在放松或感到满足时，全身会显露出快乐的气息：四肢着地，平稳地站着；坐着或躺下时，它们会放松全身肌肉，呈现出一副安逸的样子。放松时，竖耳种狗的耳朵会适度外翻，垂耳种狗会很优雅地垂下耳朵，末端会向前翻。它们的头会处于很舒服的位置，不高不低，前额光滑，嘴角松弛，半开半闭，像在微笑，尾巴会静止或轻轻摆动，其状态由狗的品种决定。如阿富汗狗放松时，尾巴会压得很低；而艾尔谷硬毛狗会将尾巴翘得很高。

当狗感到被对方胁迫，又无计可施的时候，它就不会再招惹对方。为了保护自己，让对方平静下来，狗狗会直接坐在地上或是趴在地上，或者与对方"背对背"坐下或趴着。当遇到那些威胁性或无礼的狗靠近时，狗狗会立刻坐着或趴着，此时它在表达"我不想和你发生冲突，我不想动了"，而不是顺从对方或是想要对方抚摸自己的意思。

要注意的是，有时主人会大声叫狗"到这里来"，但是宠物狗反而坐在那里了。此时，有些人可能就会认为它在反抗，反而用更大的声音命令它，这样也会造成不良后果。其实狗狗想要表达的意思是"我对那么大声说话的人感到害怕，我不想靠近那里"。因此，我们在与狗狗交流时，可以给狗狗塑造一种安全放松的氛围，尽量以温和的声音去呼唤它们，向它们传达一种安定信号，那么我们与狗狗的相处也会更加融洽。

举起前爪或弯曲身体

🐾 玩耍

当狗狗想要传达跟对方玩耍的欲望时，它会举起前脚爪或弯曲身体，同时伴随吠叫来吸引其他狗的注意，家里的宠物狗还会跑去把玩具叼来，或跳向其他的狗引起追逐。

当狗想和主人或同伴玩耍时，它们会前半身伏地，后半身拱起，看起来就像在鞠躬邀请对方，同时

还会狂热地摇动尾巴以示在等待答复。它们还可能压低脑袋，嘴巴和舌头呈放松状，或不停地喘气，有时候还会提高音调叫几声。它们有时会身体前倾，警觉地侧耳倾听。

如果是垂耳种的狗，它们会尽可能地把耳朵向上向远处竖起来。当邀请被接受后，它们会兴奋地跳起来或欢快地叫起来。在玩耍的过程中，它们用丰富的肢体语言——竖起的耳朵和活泼漂亮的尾巴来表示高兴。

🐾 兴趣和警觉

当狗狗对外物产生兴趣时，就会从安静、放松中警觉起来，身体所有部位都会活动：伸出脑袋，竖起耳朵，身体微微向前倾斜，嘴巴略微张开，两眼放光且目光集中，前肢作抬起状，似乎就要行动起来。

眼睛是心灵的窗户。狗狗虽然不会以人的方式去观察这个世界，但它们的眼睛同样反映内心的活动。通过观察狗狗的眼睛，我们大概可以去理解狗狗的真实情绪和所处状态。

当我们看着狗的眼睛时，它能告诉我们在想些什么或它们感觉的信息，狗狗用眼睛表达爱意、满足、焦虑和生气。

🐾 缓和紧张、表达友好

当狗狗感到高兴或放松时，它们会眯起眼睛或半闭着；当它们享受着什么时，通常也会这么做。这半闭着的眼睛表达了无限的快乐。

🐾 转移注意力

避免眼神接触或转移视线是狗狗为了保持平和的一种方式，如胆小的狗说："你是老大，我不想惹麻烦。"当它们碰上另一只支配地位比它更高的狗，或是做了一些会让主人生气的事情时，狗狗通常会往旁边看，以转移视线，看上去很愧疚的样子。

🐾 表达感谢

当狗狗害羞或被叫出去玩时，眼珠子通常会转向两眼角，这是一种礼貌地表达感谢的意思，不带任何攻击性。此时，你可以摸摸它的头，以示对它礼仪的赞赏。

🐾 用温和的眼神交流

用温和的眼神和宠物狗交流，那么它也会向你打开心扉。如果你站着，那么更容易出现温和的眼神，因为宠物狗抬头望着你的时候，呈现在它眼前的就是一双小半月形的眼睛。但是如果宠物狗感到害怕或是胆怯时，那你就不要站着了，弯下腰来和它打招呼。

眨眼睛，眼珠子溜溜转

🐾 试探

眨眼睛是狗狗用眼睛进行交流的另一种方式。当两条狗第一次见面时，它们有时会做出很夸张的眨眼动作，这并不意味着它们心烦意乱或者不感兴趣，这只是表示没有威胁。

🐾 冷静

有时，当狗狗想要传达不希望和对方发生冲突的意思，那么它也会做出眨眼睛的动作。同时这也是它让自己冷静时所做出的动作。

🐾 缓解疲劳

和人类一样，狗狗长时间用眼也会造成眼部疲劳，因此，狗眨眼睛是在保护眼睛，补充眼睛水分，缓解疲劳。

一般来说，狗狗不会单独眨眼睛，而是眨眼睛、舔嘴唇、转头等动作一齐进行，我们需要对狗狗进行整体观察分析，才能全面理解狗狗的真实意愿。

打哈欠

狗狗打哈欠的情况在日常生活中很普遍。狗狗打哈欠是在传达一种安定信号。这个动作可以让狗狗消除担忧，舒缓紧张和压力，是一种安抚自己和安抚眼前的人和事物的信号。

狗狗在陷入困境或感觉到压力时也会打哈欠。以下几种生活场景，狗狗打哈欠的现象居多：

1 陌生人走过来抱着它时，狗狗感到不舒服但也会忍着，它嗅到了陌生的气味，想要消除这种紧张而传达信息，就通过打哈欠来进行。不仅如此，它也是在告诉我们："别紧张，我没有要为难你，放轻松。"

2 与主人外出时，主人与碰到的熟人聊个不停，狗狗站在原地感到无聊而扭头东张西望，并一直打哈欠。为了缓解这种陌生不安感，它就通过打哈欠来表达"还没聊完吗？好无聊啊，快走吧"。此时，如果你能对它说"等了很长时间了吧，对不起，我们走吧"，那么它会因为你的理解而对你感激。

3 两只素不相识的狗在路上遇见了，一只狗面临另一只狗的挑衅或骚扰，或是身旁有两只狗正在打架，希望安定自己跟对方的情绪时，也会出现打哈欠动作。此时，它可能在说："嘿，朋友，别紧张。"

4 在宠物狗乐园里，有些狗只想独自玩耍，不希望和其他的狗一起分享。此时，狗就会偏转过头，然后不停地打哈欠，意思就是不想和对方一起玩耍，希望对方能到别的地方去。

打哈欠是狗狗一种常见的肢体语言，很多时候它是在向我们传达狗狗在陌生环境里渴望消除不安、紧张，保持冷静的情绪。如果我们能理解并体谅它的处境，狗狗也会充满感激，并在以后类似的情况中不会大声吠叫，也不会突然跑掉，只是不停地打哈欠来表达它的情绪。

不停地到处嗅气味

狗对某些气味的灵敏度比人类强 1200 倍，狗用气味打招呼，用嗅觉探索和理解周围环境。它们利用嗅觉找出喜欢的东西，也用嗅觉跟遇到的同类交流。它能从气味中辨别出很多东西，闻一下就能知道另一条狗的年龄、性别，心怀敌意还是善意，甚至能辨别出对方在狗群里的地位。因此，嗅一下另一只狗或者留下自己的气味，它就能跟其他的狗交流，并且通过嗅地上的气味，就可以知道哪条狗经过这里。

利用气味使狗狗放松

狗狗喜欢遵循固有的习惯，不喜欢有太多变动，因此我们要带小狗去一个新地方时，可以利用气味来帮助它们适应新的环境。例如，当你带着狗狗乘飞机时，你可以给它一件旧 T 恤或者别的什么衣服。你衣服上的气味能使它不那么害怕，有一种安全感，以此来帮助它缓解新环境的紧张不安感。

利用气味使狗狗学习

狗会通过气味来寻找自己喜欢的东西，辨认自己不喜欢的东西。因此如果你不想家里的狗狗总是扑到柜台上吃东西时，你可以利用气味来纠正它爱偷食的行为。例如，可以在食物边上洒上茴香油，并在柜台边缘放上一排铝罐，当狗试图趴上柜台时铝罐就会"哗啦"一下掉下来，把它吓一大跳。这样它就会把茴香油的气味跟铝罐发出的噪音联系起来，下一次单单茴香油的气味就足以把它吓走。

狗不喜欢的气味也能帮助它们学习，比如香茅油可以阻止它吠叫。由于香茅油散发极快，浓烈呛鼻的气味会钻满它的鼻孔，它很快就会明白最好还是保持安静。香茅油还可以让它远离家具和垃圾。

气味能传递信息，没有气味也能传递信息。比如狗狗在一个地方撒尿后，留下的气味使它下一次还来。所以饲主要彻底清扫消除气味，下一次它可能就不会再去你不希望它大小便的地方了。

不时地舔嘴唇

狗狗有时候会将舌头一伸一缩，有时候会舔到自己的鼻子，这是在消除不安、转移紧张的情绪，也是在传达安定信号。在日常生活中，狗狗突然面临高度紧张的情况，为了转移自己的紧张感，会舔舔自己的鼻子。另外这种行为还用在处理与对方的关系上，"我不希望引起冲突""别生气啊""放轻松，冷静点，我没有恶意"，等等，这样的行为起到缓解对方的愤怒情绪与紧张感的作用，是一种为了让自己和对方冷静下来时的肢体语言。

要完全理解狗狗舔嘴唇传达的信号，有时候还要考虑背景环境，从狗狗的整体行为动作去体会。以下几种生活场景，可供大家更好理解狗狗舔嘴唇这一行为传达的信号。

1 在动物医院里，每次将宠物狗放到治疗桌子上的时候，它们就不停地舔嘴唇，这是为了消除紧张，找回内心的平静。

---

2 散步途中，遇到陌生人突然跑向宠物狗并抚摸它的头，那么狗狗就会转过头去，还不停地舔嘴唇。这其实是在消除紧张，并让对方知道它现在很紧张。

要注意的是，直线靠近、和狗对视、大声叫喊、摸头，这一系列的动作在狗的世界里都是没有礼貌的，是不被允许的。

---

3 当有其他的狗靠近时，狗狗也会舔嘴唇、转头。如果另一只狗明白它的意思，那么它就会尊重对方的意愿，识趣地走开；若是没有礼貌的狗，而且还不太熟悉沟通交流，那么就有可能引发一场战斗。

对"我的地盘"爱做记号

对宠物狗而言，撒尿做记号已经是一个常见习惯，当外出遛弯散步时，狗狗们就会在不同的树根下、电线杆上尿尿。在下一次经过这些地方时，依然执着地在上面留下"记号"。狗原本和狼一样，是以群体为单位行动的，每个群体都有自己的地盘，狗通过留下气味，来声明这是自己的地盘。这种行为叫"做标记"。

这些气味在狗离开之后还会残留很长一段时间。通过气味，狗狗可以知道同伴的大小、性别、年龄、性情、是否怀孕，还有它从哪儿来到哪儿去、行走路线等信息。然后，后来的狗也会在上面留下自己的信息，意思是："我已经来过此地，并读过你的信息了。"这种做记号的行为，不仅仅是在向其他的狗宣示主权，保护自己的地盘，也是一种同类之间的信息互换行为，从而迅速认识并了解对方。

一般而言，公狗是蜷缩着、坐着或是抬起一只脚小便；而母狗则是蜷缩着小便，但偶尔也会看到母狗抬起一只脚小便。有的狗还会抬起后面的双脚小便；有的狗还会将后腿伸直，让肚子尽可能贴近地面小便。并且做记号不一定都是用小便，有时也能看到狗留下的大便。

但是，如果宠物狗在感到有压力和不安时，也会有反常的做标记行为，在散步时、家中、衣服上甚至主人身上做记号。对此，我们要理解，宠物狗的标记行为是自然习惯，如果宠物狗行为异常，我们要帮助它舒缓压力，消除不安情绪。这样，宠物狗的异常标记行为自然会消失。

抓挠身体

试想一下，我们在思考问题时，是不是会出于习惯自然地去挠挠头发或摸摸头？狗狗也如此，在感到有压力或遇到没有办法解决的难题时，它会用后脚抓挠肋下或头部，表示它很不舒服，承受着许多压力，于是就会一个劲儿抓挠身体。

不过有时也会有例外，身体发痒或是身上有虫子的时候，它也会抓挠，这也是宠物狗之间互传信息的一种肢体语言。

狗狗在感到困惑、压力或者不愿意去面对问题时，通常会出现这种抓挠动作。我们在日常训练狗狗的行为时也会遇到。例如，当我们教狗狗如何打开储物柜门：为了让宠物狗能用嘴抓住储物柜的门，门上装了一个把手，于是就教宠物狗如何利用把手打开门。但是当狗狗打开储物柜门的时候听到门发出刺耳的声音，这让它很不舒服，甚至很紧张。主人却没有领会狗狗的情绪，依然要求狗狗照命令去做，于是狗狗开始舔嘴唇、转过头坐在地上，还不停打哈欠，一直抓挠身体。此时，狗狗是在表达："我知道你希望我做什么，但是我不想再听到那个刺耳声音，不要再让我做了。"

门传出的刺耳声让狗狗感觉到压力，处于紧张不安的情绪里，它不希望再听到这种声音，为了消除这种不安感，它就会通过上述这些肢体语言来表达它的情绪。如果此时主人能注意到狗狗的变化，就应该不要再继续训练了，安抚一下它的情绪，向它传达："我知道了，咱们暂停一会儿吧。"在进行类似的训练时，避免出现它不喜欢的气味和声音，尊重狗狗的习性来训练它，效果反而事半功倍。

身体画"C"字形曲线

如果平时多注意观察狗狗的行为习惯，我们就会发现狗狗在发现某些目标或是在与其他狗狗对峙时，并不会沿着直线行走，它们往往会用曲线行走的方式，按照"C"字形曲线向对方肛门处靠近，嗅对方的气味。这是宠物狗之间正确的打招呼方式，是彼此间第一次相识时的问候礼仪，也包含着尊重对方空间的意思。

狗狗在遇到人时，也会出现"画曲线"的行为。碰到一个人时，它会慢慢走曲线靠近，有时会绕到人的背面，再走到前面。

为什么狗狗在遇到对方时会喜欢"画曲线"行走呢？其实狗狗这么做的很大一部分原因是缘自于它们的警惕心理。如果狗狗与其他的动物对峙时径直地走向目标，那么它们的方向以及将要行动的动向就会非常容易被对方判断出来，如果对方对其存在敌意，那它们就会很轻易地被攻击。如果采取曲线行走的方式，就会给自己和对方留下一些空间，避免对方与自己的空间有交集，这样，即使对方有攻击意图，也可以为防御和反抗争取时间。

如果我们看到两条狗狗彼此对视，而且出现互相转圈行走的情况，或是在地上嗅来嗅去，或是背着对方，另一条还在不停骚扰，那么主人就需要及时制止，最好牵着自己的狗狗离开，以免发生意外。

散步时，如果对面有陌生人靠近，我们可以在脑海里按照一个"看不见的圆圈"走曲线，并且走在陌生人与狗狗之间，从视觉上阻挡狗狗与陌生人对视，给彼此间留下一些空间。这样，狗狗会感觉待在安全区域，也会喜欢上散步。

抖毛、身体颤抖

奇怪，狗狗身上的毛明明是干的，为什么会突然像身上有水时那样抖动身体？有时候好端端在路上散步时，狗狗也会无缘无故颤抖身体，这是为什么呢？

其实抖毛是狗狗身体语言的一部分，如果留心观察，会发现狗狗在有压力或遭受指责的时候抖毛，有点像是狗狗想从当前状况中摆脱出来的征兆，抖毛让它重新面对眼前的场景，暂停并从紧张的情景中逃离。狗狗处于极度兴奋的状态下，此刻抖动身体是在舒缓僵硬的身体。

以下几种生活场景，常常会见到狗狗抖毛、身体颤抖的动作：

场景一

狗狗在睡醒后，会不停抖动身体，这其实是在做伸展运动。

- -

场景二

两只狗狗玩得不亦乐乎，这时出现了一个小的暂停，狗狗们同时抖毛远离彼此，停止玩耍。这种情况下的抖毛表示玩得有点过头了。幸运的是，狗狗们能够停下并冷静下来。

场景三

两只狗正在靠近，见面的状况并没有出问题，但狗狗们在互动中可能感觉到些许紧张。狗狗们的移动速度或许过快，有些不安，这显示出它们心中的焦虑。在这种时候，狗狗们离开彼此，纷纷开始抖毛。

场景四

狗狗被人拥抱，它用一些肢体语言和人类沟通，比如"鲸鱼眼"、舔舌、转头、打哈欠，这些都表示狗狗不喜欢被拥抱、独立空间受到侵犯的感觉。在人放开狗狗的时候，它走开并开始抖毛。

场景五

宠物狗独自在家待一整天时，看到主人回来，会立刻和主人打招呼，然后开始抖动身体，甩掉一天的不安和紧张。

场景六

在散步时，狗狗对身边环境还不太熟悉，或是对周边的陌生人、车流声感到紧张，它们就会抖动身体以舒缓紧张、保持镇静。

低落、压力信号

对食物不感兴趣

狗狗的身体状况一切正常，却提不起兴致吃东西，做好的食物放到面前，它嗅都不嗅，垂着脑袋无精打采地趴在地上。这是怎么了？一般来说，这种情况多发生在第一次带回家的宠物狗身上。由于对新环境和陌生人感到有压力而紧张，即使是美味的食物也会将头扭过去，拒绝吃饭。这与我们人类相似，当我们处于压力中时，受情绪影响，食欲也会大大减少。

但是，随着时间的推移，熟悉了陌生环境和家庭成员，这种因为环境引起的紧张不安感会自然消失，食欲也会好转起来，拒绝吃东西的问题也会自然解决。

如果是已经带回家饲养一段时间，并已经熟悉新环境的狗狗，之前都正常吃饭，突然间却拒绝吃东西，看到平时喜欢吃的东西也提不起兴趣，那么就要考虑宠物狗是否身体出了问题。因为某些疾病引起的厌食，会造成吃得越来越少，然后慢慢地就什么都不吃了。这样的情况一般还有些其他症状，具体还要看情况，严重的话需要去医院输液。

狗狗在家里生活了不短的时间，每天主人都会变着花样给宠物狗喂食可口食物，起初狗狗吃得很香，但渐渐地，狗狗却越来越不爱吃饭了，即使是它爱吃的食物，也只是凑过鼻子嗅了嗅，吃了两口就再也不吃了，有时甚至一口也不碰。那么，你就要考虑狗狗偏食了，需要在饮食上做调整以纠正狗狗偏食问题。

狗狗拒绝吃东西，要综合环境和狗狗行为来判断原因。如果是身体出了毛病，就要及时治疗，恢复狗狗身体健康，吃饭问题也就相应解决了；如果狗狗身体一切正常，那么就要考虑狗狗的情绪是否紧张、周围环境的状况，尽量给狗狗营造熟悉、安心的环境，在狗狗感到舒心、放松的氛围里，食欲问题自然迎刃而解。

耳朵紧紧地贴在头上

狗狗的品种繁多，相貌上各有差异。有些狗狗天生面相凶恶，但它可能是在向你传达友好；有些狗狗长得温柔可爱，咧着嘴巴笑眯眯的，但它可能正处于极度紧张、准备反抗的状态中。因此，判断狗狗的情绪不能单从外貌下定论。

但是无论什么品种的狗狗，在感到压力和紧张时，都会有相似的行为特征。例如，我们从狗狗的耳朵来分析。

每一只狗的耳朵形状、位置、大小，以及移动的范围都是不一样的。有的狗一只耳朵直直地竖立，另一只耳朵却耷拉在下面。这与狗狗的品种和耳朵构造无关，是由于狗狗紧张产生压力时，耳朵附近的肌肉会向后收紧，紧紧贴在头上，就像兔子的耳朵。

如果狗狗感到紧张，就会表现出低落、有压力的信号。此时，它们的耳朵、全身肌肉会变得僵硬，脊椎也会蜷缩起来，尾巴紧贴屁股或缩到两腿之间，眼神飘忽不定，伸出舌头不停舔嘴唇。这就是狗狗在向我们传达压力信号时典型的肢体语言。

当然，耳朵向后紧紧贴着也有表达幸福的意思，它是在邀请主人"快来一起玩耍吧"。当狗狗处于幸福状态的时候，眼神会变得柔和，肌肉舒缓，全身如跳舞般欢快地抖动。当它想要邀请主人一起加入游戏时，就会慢慢放低身体，不停摇动屁股，欢快地蹦跶。

气喘吁吁和分泌过多唾液

我们人类，感到紧张的时候，呼吸会变得短而急促，肌肉紧张，血压升高，脉搏跳动的速度加快。狗也同样如此，在紧张或是有压力的时候，呼吸会变得短而急促。呼吸的变化是狗狗表达情绪和反映所处环境状态的信号。

如果饲主对狗狗处于压力环境的状况视而不见，狗狗就会由兴奋状态转向攻击防御状态。此刻，狗狗表现出嘴巴紧闭，屏住呼吸，似乎马上就要扑上来的样子。

在高度紧张的时候，它会瞪大眼睛，嘴里不停地分泌出唾液。虽然有些宠物狗在晕车或牙齿有问题的时候也会分泌唾液，但是此时分泌的唾液与压力大时的不一样，它们在压力大的时候嘴里会分泌出大量唾液。

狗狗感到紧张时，由于呼吸变得短而急促，嘴巴里面是非常干燥的，常常发出"呼哧呼哧"大喘气的声音。当呼吸变得不均匀的时候，它们就会提高嗓门发出"哼哧哼哧"声，或是发出粗犷的声音。

脸部肌肉紧张

我们可以从一个人脸部的特征一定程度地了解这个人的心情，但是人有着刻意隐藏自己情绪的能力。而狗有许多明显的表情，它们无论开心还是不快乐都会直接表现在脸上，虽然有时候因品种的不同而产生的外表差异常常令人产生误解。斑、颜色、头或者眼睛的形状都是因狗的品种而不能改变的特征，而正是我们坚持把这些不变的外表和狗的情绪联系起来，使得人和狗之间产生误会。

当狗狗处于紧张压力下，脸部肌肉也会突显出来，无论是眉间、眉毛、两颊，还是额头两侧的肌肉都会明显凸起。如果紧张感达到极限，狗狗的嘴巴会向前伸长，发出类似"喔"的声音。除了脸部以外，从狗身体其他部位的动作也能准确判断出是否有压力。

狗的脸部是一个协调的整体，如果你想知道狗狗如何向你传达信息，就要观察耳朵和眼睛的变化。

🐾 耳朵

狗的耳朵不像人那样，它能旋转、向后靠或者向前移，而且可以向不同的方向移动，这就使得它们的耳朵有很强的表达情感的能力。当一只狗的耳朵伸直时，表示它很放松；向前的头和紧张笔直的耳朵显示它具有攻击性；耳朵向后紧紧地折叠着表示它有一点害怕，并可能具有攻击性。

🐾 眼睛

温柔而充满爱意的眼神显示了爱和信任，并且没有害怕与紧张；一个直接的、渴望的或焦虑的眼神表示感兴趣或有警惕性；而随意的一瞥表示忽视或者不确定。

🐾 额头

当狗额头的皮肤松弛时，它本身也一样放松。当它额头的皮肤由松弛变得紧张而光滑时，说明它有些害怕或者有攻击性。但如果它对某些东西好奇时，就会皱起前额，这一点和人很相似。

🐾 嘴巴

对大多数的狗来说，微微张开的嘴巴代表了放松的状态。这种表情并不能总说明问题，但如果是代表了某种情绪的话，那就是快乐。

一只喘气的狗可能是紧张或者有压力的，当然也可能它只是感到有些热。如果它在舔另外一只狗或另外一个人，或仅仅是它自己的鼻子，那就表示欢迎或者忽视。舔同时也是一种使它自己或他人平静下来的姿势。

🐾 嘴唇

放松的嘴唇表示这只狗是很轻松的。一只愤怒的狗会一边咆哮一边把它的嘴唇紧紧地拉起。

被汗浸湿了脚掌和掉毛

我们都有过"手心出汗"的经历，在等待面试或准备考试的时候，焦虑和压力使我们情绪不安，不仅仅手心会出汗，甚至脊梁上也会流汗。但是狗和人类不同，狗不会通过全身皮肤排汗，它们主要是通过呼吸和脚掌来排汗。

如果去过宠物收留所，我们就会注意到地面上有许多明显的脚掌印。这是因为宠物狗在紧张的时候脚就会出汗，每走一步就会留下一个脚掌印。从这些我们可以知道它们非常紧张，而且内心极度不安。宠物狗在紧张状态下，通常呼吸会变得短而急促，背也会隆起，尾巴会紧贴身体。

除了脚掌汗湿以外，还有其他情况也显露出它们正承受压力。如果在它们走过的地方看到掉落了多于正常量的毛发，那么表明了狗狗在承受着很大的压力。就像人类承受压力时掉头发一样，狗在压力大时也会不停地掉毛。此时，宠物狗需要深吸一口气，平复自己的情绪，同时它也需要周围人的体谅，主人要经常与爱宠互动安抚，消除爱宠的紧张、恐惧情绪。还有容易忽视的皮屑，也会出现在后背上，如果这种皮屑很多，通过皮肤科治疗也不见好转的话，那么就应该要考虑不是由压力大引起的。

随意小便

狗狗在过度紧张和兴奋状态下会出现大小便失禁的现象。狗狗随意尿尿要与日常中的大小便教育、膀胱问题等区别开，狗狗随意排尿指的是在非指定地方无意识尿失禁的现象。例如，有时在家待了整整一天焦急等待家人回来的时候，由于太兴奋，狗狗会跑到玄关处小便，这就是随意排尿。因为紧张、兴奋就会不自觉地小便，这和它们的主观意愿无关。当宠物狗看到陌生物体或陌生人靠近自己的时候，由于紧张、压力也会不自觉地小便。

一般来说，狗狗处于高度紧张的状态时，会无缘无故地用鼻子"哼歌"，或是在房间里徘徊。当它们想要排除这种不安感时，就会运用丰富的肢体语言来自我排解，例如打哈欠、不停地检查生殖器官、在地上嗅闻、抓挠身体、撒尿做标记、转移视线等。

如果狗狗出现上述这些肢体动作，作为亲近它的饲主，我们要去理解狗狗传递的语言，尽量帮它消除这种不安感，而不是去责备斥骂它。狗狗由于压力而随意排尿的行为，恰如小孩子在还没有能力控制好膀胱的时候，遇到紧张状况也会尿裤子。有些人随着年龄的增长能够很好地去控制，但是有些人在成长的过程中因为环境的影响，依然会遭遇失禁的尴尬。

检查泌尿生殖器

　　当承受压力或想要脱离现在的处境，宠物狗通常会蜷缩身体检查自己的泌尿生殖器，有时候也会舔一舔，但是这并不是真的想去检查什么，只是在压力中想要分散自己的注意力，去关注一些其他的东西。

　　狗狗处于紧张状态下会转移视线，这点和人类相似。当我们不太想和对方交流的时候，就会拿出手机看看，或是看一下根本不存在的信息。狗也是一样的，只不过是它们检查泌尿生殖器而已。当有陌生人向宠物狗伸手，或是向它发出"卧倒"命令时，它们会突然坐下，检查自己的泌尿生殖器，这就表明它们很紧张、不舒服。

阴茎突出

　　当狗紧张或是注意力集中在某一物体时，由于肌肉的变化导致阴茎突出，这和性没有关系，只能说明它是公的。

　　随着年龄的增长，狗身上的肌肉弹性也慢慢减弱，常常发生阴茎突出的情况。因此，大家要综合考虑宠物狗的年龄和身体健康状况，再加上平时的状态，才能做出正确的判断。

一连串的不安动作

宠物狗在表达不安情绪时，通常是用一连串的动作来传达不安定信号。通常这些信号是为了消除内心的不安和压力，缓和情绪，同时也是为了能让对方安定下来。如果眨眼的动作加快，那么眼神就会变得不安。此时为了缓解情绪，会一直打哈欠，不停地舔嘴唇，有时会舔到鼻子上；为了消除长时间累积下来的紧张感，会不停地抖动身体，不断地做伸展运动。

宠物狗坐车晕车时，或在车里感到不安的时候，眼神会变得焦虑，不停地舔舌头，可以看出此时它有压力。当这种不安持续增加的时候，不仅仅眼神变得不安，同时还会放低身姿、东张西望、坐立不安，想要找出解决的方法。此时，如果没有得到及时缓解，那么压力会越来越大，直到扑上去咬人，做出攻击行为。

作为狗的主人，在宠物狗表达压力的初期就应该意识到。初期的行为有眨眼睛、舔嘴唇、转移视线等。主人只有了解宠物狗压力的来源，才能有效地给予它们帮助，这样就可以避免宠物狗由于不安、害怕而做出过激行为。

尾巴夹在两腿之间

当狗感到有压力的时候，会低着头，气喘吁吁，努力减轻自己的不安。它们的瞳孔会放大，不能够正视使它们痛苦的人或物。它们的耳朵垂下来，往后耷拉，嘴唇向后拉，嘴角皱起来。它们保持自己的身体低下去，尾巴卷起来夹在两条腿之间，脚爪不断出汗，有时候会打滚然后露出腹部，甚至会撒出一点尿来。那些翘起一条腿坐在那里的狗通常都是感到害怕和焦虑的狗。

狗会用很多肢体语言来使自己、其他狗或与它们交流的人平静下来。这种行为叫作压力信号，也是狗狗希望摆脱压力、紧张感的肢体语言。这些行为看上去似乎与当时发生的事情毫无关系，实际上就好比人们在一场口舌之争即将爆发时迅速转移话题一样。一些常见的压力信号为打呵欠、舌头抽动、转身离开、眨眼睛、吸气、抓痒和抖动身体（好像身体被淋湿了抖毛一样）。

辨别狗在使用压力信号的方法是寻找与当时情景无关的行为。比如在命令服从训练课上，狗会突然去抓脖子上的项圈，如果它没有戴或者在后来的课上都没有去抓，它就有可能是在减轻自己的压力，仿佛在说："我需要歇会儿。"

寻求关注的信号

将爪子放在你的膝盖上

　　狗是一种非常喜欢和人交流的人性化的动物。它们喜欢被人抚摸，与人一起玩耍，甚至和主人一起上镜或是将照片挂在橱窗中。它们非常喜欢散步，不仅仅是为了锻炼身体，增长对各种事物的见识及用嗅觉去感受各种事物，也是为了更好地与人类和睦相处。

　　有时，一条很自傲、过分自信的狗将它的爪子放在你的膝盖上，就是一种对你很尊敬的姿势；如果是一条很乖巧顺从的狗将它的爪子放在你的膝盖上则是一种很平静缓和的姿势。但是很多时候狗将爪子放在你的膝盖上这一动作恰恰是在向你表达："我需要更多的关注，请留意一下我！"同样，它们在你面前伸着爪子也表达了这种需求。它们将头滑入爪子下，或是紧贴着爪子和踮着脚站起来，都表达了这个意思。

　　其他狗狗们所用来引起你注意的策略常常还包括：轻轻地从边上推推你正在阅览的报纸或书籍；在地板上乱抓发出嘈杂声，就像在挖什么似的；还有就是轻轻地碰你一下或用头轻轻地拱你一下。所以，当你看到狗狗用这种撒娇的方式向你传达"寻求关注"的信号时，你还忍心忽视它的恳求吗？

🐾 狗真的会"笑"，你相信吗？

人类在表达开心、满足、幸福等心理时，通常通过"笑"来表达，而狗狗感到高兴的时候，就会抬起上嘴唇，露出牙齿嬉笑。有些猎犬高兴时就把它们的上嘴唇卷起来，但不是所有的狗都是这样笑的，有些狗习惯性经常微笑，像阿拉斯加的爱斯基摩狗也是以它们微笑的神情而出名，而达尔马提亚狗、哈士奇、猎犬等品种常常会露出笑容。

但有些狗狗在伤心或者感到威胁或侵犯时，也会露出牙齿使劲儿哼哼，因此人们很容易就把愤怒和微笑搞混，实际上区分两者的关键在于观察狗其他部位的肢体语言。一般而言，微笑的狗通常是开心地摇着尾巴，笑的时候是没有声音的，而且是露出整排牙齿，屁股和尾巴就像是风车似的旋转，肌肉放松，眼角下垂，眼睛一眨一眨的；而激怒的狗往往是紧张而有攻击性的，它们会倾向于显出露齿的笑容，并希望对方能看到它们的牙齿，唇部会全部向后卷，连犬齿也露出来。很多有黑色嘴唇的狗的嘴唇和鼻子的颜色都会形成很大的反差，这使得它们雪白的牙齿更加明显，也让别人对它们的表情更加印象深刻。

经常与狗狗相处的家人可以分辨出自家狗狗是在笑还是生气，也会根据狗狗的肢体语言理解它的意愿。但若是遇到陌生人，可能会由于对方对狗狗的理解不够而误会狗狗的"笑"，这时候就需要主人在旁边观察狗狗的肢体语言：如果狗狗在开心地笑，就可以向对方说"笑了"，让对方放心；如果看不出狗狗是在高兴还是生气，那么还是赶紧带着狗狗离开吧。

站着抖动身体

和同伴玩耍、向人类问候，或去散步、玩游戏等都能使狗兴奋。处于兴奋状态中的狗狗通过跳跃、站着抖动身体并兴奋地摆尾来清楚地表达它们的情绪。它们经常会耳朵向前竖，期待有趣的事物，眼睛里闪烁的都是快乐，在向主人传递"和你一起玩很开心"的信号。

 狗狗趣闻

🐾 狗喜欢音乐吗？

当主人放出立体声音乐时，许多狗似乎会做出愉悦的反应。当甜美的现代或古典音乐放出来时，它们会平静地躺在主人的脚下；当更尖锐的流行音乐出现时，它们会竖起耳朵。其实不是音乐的种类引起了它们的注意，真正吸引它们的是我们对音乐的反应。

狗是读懂肢体语言的专家。当我们欣赏音乐时，我们可能摇晃着、跳舞着，或者发出哼哼声，总的来说音乐改变着我们的情绪，导致了我们肢体语言的变化，这被狗所识别，也引起狗的反应。我们的身体说我们是快乐的，所以狗狗也是快乐的。

不时地蹭蹭你，舔舔你

　　狗狗心情舒适的时候会伸出舌头，就像是在抓空中的苍蝇一样，将舌头长长地伸出来舔外面的空气。有时候，狗狗舔你也是一种献殷勤的表现，当今天你给它的食物特别丰盛的时候，它在重申它的次要地位和对你的喜爱与尊重，它在说"你是世界上最伟大的主人"。

欢快的尾巴摇动得像大摆钟

　　尾巴是狗狗情绪的指示器，是它们身体最具表现力的一部分。它们可以表达快乐、攻击、紧张以及其他的情感。不管狗狗的尾巴优雅还是邋遢，细长还是粗短，它都经常在动，在诉说。不同摆尾的动作显示狗是紧张、害羞、高兴还是寻衅。

🐾 从一边扫向另一边

　　当狗在玩耍或期待好东西时，比如食物，它们就会大幅度摆动尾巴，打算进攻时也会这么做，唯一能判断它们不同意思的方法是观察其他线索，比如站立方式。

🐾 高高举起，前后摇摆

　　当狗的尾巴高高举起并且前后摇摆时，它们的心情通常很好。当它们从期待的玩伴那里得到很好的回应时，摇摆的速度会大大加快。

🐾 水平位置

当狗的尾巴与地面平行时，你可以判断出它对某样东西有兴趣。当然，这一信号只有在长尾巴狗的身上才体现得出来。那些尾巴短的或被截断的狗通常通过把尾巴举得比平时稍高来传递这一信息。

当狗狗感到安逸或幸福的时候，它们的尾巴就像"大摆钟"一样摆动，后半身也随着尾巴不停地摇摆。狗尾巴摇动的速度和激烈程度取决于狗的品种和个性。一些狗，如骑士查理王小猎犬遇到一点挑衅往往就会疯狂地摆动尾巴，而其他品种如罗威纳犬摆尾就不那么激烈。

但不是每条狗都擅长用尾巴说话，一些狗不能很好地用尾巴表达，这和能力无关，主要是遗传，一些品种的狗的尾巴不是那么会动。另外有些狗的尾巴紧贴臀部，不管它们再怎么努力交流，尾巴却总是不配合。比如法国斗牛犬、八哥狗，它们的尾巴很短而且紧紧卷曲，当高兴时，它们前后摆动身体，并左右摇晃尾巴。

露出肚子，仰面朝天躺着

如果你的狗狗肚皮朝天，把爪子举向空中，它是在表示谦恭与服从。如果它在另一只狗狗面前摆出这个架势，那是在说："我可不想打架，我服了您！"如果这姿势是做给你看，含义可就丰富了：为了逃避一场预料中的训斥，它会翻着肚皮说"我不想惹你生气，请接受我的道歉吧"；为逃避做一件不大情愿的事，它往往也会这样耍赖。更多时候，仰面朝天的狗狗只是想告诉你在你身边它是多么快乐——"来吧，来拍拍我的肚皮！"

无论是看到人还是其他动物，开心的狗都会突然仰面朝天地躺在地上，然后又一下子起来跑走。如果看到其他的狗躺下来和自己开玩笑，那么它也会躺下来表示接受对方。

如果宠物狗侧身躺下，那就不是邀请玩耍的意思，此时主人应该让自家狗狗独自休息一会儿，阻止其他的狗靠近。如果两只狗在一起玩耍得很愉快，那么它们两个会先后躺下再站起来，然后再继续玩耍。

发出一起玩的邀请

　　狗狗想显示它要玩耍的欲望时，会举起前脚爪或弯曲着身体，通常会伴随吠叫来吸引别人的注意。其他的姿势有拿出玩耍的物品或跳向其他的狗引起追逐。当狗想和主人或同伴玩耍时，它们会前半身伏地，后半身拱起，看起来就像在鞠躬邀请对方，同时还会狂热地摇动尾巴以示它在等待答复。它们还可能压低脑袋，嘴巴和舌头呈放松状，或不停地喘气，有时候还会提高音调叫几声。它们有时会身体前倾，警觉地侧耳倾听。如果是垂耳种的狗，它们会尽可能地把耳朵向上向远处竖起来。

　　当邀请被接受后，它们会兴奋地跳起来或欢快地叫起来。在玩耍的过程中，它们用丰富的肢体语言——竖起的耳朵和活泼漂亮的尾巴来表示高兴。

　　如果我们也用宠物狗的肢体语言邀请它们一起玩耍，它们也会很乐意接受。但有一个动作和邀请玩耍的动作很相似，却表达了相反的意思。如果狗狗屁股朝上翘起，上身向下倾，这一点和邀请时一样，但是不同的是，狗狗全身肌肉会显得僵硬，出现鲸鱼眼。此时，你还是让它独自待一会吧，这种动作表明它现在很紧张，不希望有人靠近。

　　无论是多么想要和对方一起玩耍，也要尊重对方的空间，这是狗世界的基本礼仪，一只有教养的狗会一边注视着对方的安定信号，一边尝试着靠近，与对方保持一段距离，接着发出邀请对方玩耍的信号。如果被邀请一起玩耍的狗也表示同意的话，那么它也会以同样的肢体语言回答对方，即将屁股高高翘起，上身趴在地上（此时双方不能直视对方，需要相互轮流转过头去打招呼）。

威胁、防护的信号

当狗开始认真地去防卫和保护它们的东西时，它们就会发出特定的身体语言。这看上去跟那些机警又优秀的狗发出的身体语言是一样的。然而，如果它们被挑衅，就会发出一些明显的侵略性的信号，如呲着牙齿、仰起头，走上前，用充满必胜心的眼神瞪着你，以此来表明它们是跟你一样强的，也随时准备着接受挑衅。它们会慢慢地靠向前，使自己看起来更强大些；它们会降低重心使四肢牢牢地固定在地面上，让你清楚地意识到它们正占据着这个地盘。

竖耳皱鼻翘嘴，怒视前方

那些感到自己被挑衅或是正处于攻击状态的狗会将它们整个身体耸起，然后略向前移，以此来令自己看起来更庞大、更强壮和更难以对付。它们会踮起脚尖略向前倾，竖起它们的肩膀和背部之间的毛，这也是一种非常有效的让它们看起来更强大的方法。它们的尾巴会竖起来，直直地一直竖在那里，尾巴上的毛也会竖起来，耳朵也会向前竖立。

它们也许还会吼叫，此时它们的鼻子就会皱起来，嘴角向前翘，嘴唇紧紧地绷起来，眼睛会直直地坚定地怒视前方，随着好斗性的提高，它们就会将绷紧的嘴唇往里抿进，露出它们那令人不寒而栗并带有杀气的牙齿，然后后腿略微张开以支撑身体，前腿腾空上翘，这样就可以跳得高些。

居高临下地俯视着臣服者

优秀、自信又略带傲气的狗都是站得笔直的。但这些狗狗相遇时，它们就会仰起头，竖起尾巴。它们会竖起沿着脊椎和肩膀的毛发，以此来让自己看起来更庞大。它们也许会踮起前脚尖，然后向前挺直迈一小步。它们的耳朵会向前伸，在原有体积、形状和位置允许的条件下，尽力向前伸。

一条狗也许会将它的爪子搭在另一条狗的肩膀上，以此来显示它的统治地位和卓越性。除非另一条狗开始表现得顺从，否则这两条狗就可能展开一场激烈的争执，最后演变成一场搏斗。

骑在对方身上或是其他性方面的行为并不常常和生殖联系在一起。狗狗们有时会骑在其他狗身上，仅仅为了表达和暗示它们的权力和优越性。被骑的狗狗可能是雄性的，也可能是雌性的。狗的这些行为是一种非常不礼貌的行为，可以说是极度轻蔑的。

通过跳在主人身上和试图去舔主人的脸来取悦主人，这对狗狗来说是非常普通的一件事。狗会竖起尾巴、挺直耳朵，跳坐在主人身上，就是为了传达它们在同类中的优越性和统治力。

鲸鱼眼

鲸鱼眼是驯犬师用来形容狗狗眼睛状态的专业术语。当狗狗的眼睛中白色的巩膜清晰可见，眼珠凸起，眼睛下面的肌肉看起来肿肿的，这时的眼睛状态就是鲸鱼眼（Whale Eyes）。

狗狗会轻轻地转过头，但是它的眼睛仍然固定在某个东西或某个人身上。它的眼睛白色的部分呈现半月形，通常位于眼睛的内侧或外侧，有时四周都有。鲸鱼眼有时也称为"半月眼"（Half Moon Eyes）。

每一只狗的眼睛大小和模样看起来都不一样，由于狗的品种各异，鲸鱼眼并不是在所有狗狗中都能看到。短鼻子的狗狗会在自然放松的状态下，眼睛中总是显示有白色的部分，如果这些狗狗没有表现出任何其他被激怒的迹象，你所看到的可能不是鲸鱼眼。

🐾 鲸鱼眼有什么含义？

鲸鱼眼是宠物狗在感受到压力、不舒服的时候，发出的"禁止靠近"的警告。如果你注意到一只狗狗正在显示鲸鱼眼，它正在告诉你，它感到焦虑，正在处于不舒服的状态中。鲸鱼眼可能是狗狗攻击前的一个警告信号，如果宠物狗突然瞳孔放大，眼睛周边肌肉收紧，就像是鲸鱼眼似的凸起，那么接下来它可能就要攻击了。此时，家人最好停止和这只狗狗进行互动，远离它，直到它放松，变得更加舒适。

🐾 出现鲸鱼眼时，主人应该怎么办？

狗狗希望你能注意到它的眼睛状态，希望你可以做一些事情来帮助它"渡过难关"，如果你能发现问题，及时做出回应，这就是最好的行动方式。如果狗狗在意的事是你正在做的事，请停下来；如果在公园，另外一只狗正在靠近它，及时把它带离这个环境——此时狗狗有可能会一动不动、身体僵硬地待在一个地方，所以你可能需要让狗狗把注意力转向你，比如准备一些美味的食物，请勿在此时责骂它，这样只会伤害你和狗狗之间的感情。当狗狗出现鲸鱼眼的行为，问题一般不在它自身上，而通常是外在的东西。

喉咙发出低低的呜呜声

狗狗在准备攻击和感到恐惧时的表情十分相似，所以我们分辨狗狗是要发起攻击还是十分恐惧，也是非常重要的。

先来分析一下狗狗准备攻击前的表情。当狗狗遇到威胁和敌意的情况时，就会竖起耳朵，皱鼻，同时嘴唇向上拉，露出牙齿，两颊灌风，喉咙里发出低低的呜呜声，以威慑对方。之后，喉咙里的呜呜声会突然变成一声大叫，叫声会越来越大、越来越频繁，但是声音很浑厚，耳朵保持直立，脖子向前伸着，做出一副随时跃起搏斗的样子。这和人要打架前的姿态很相似，脸红脖子粗，只是狗狗的脸红看不出来而已。

狗狗感到极度害怕时的肢体表情和发起攻击前的表情很相似，特别是一些体型较小的狗，遇到体型比自己大的狗，在感到威胁和惧怕的同时，会出于自我保护和防御的本能而虚张声势，表现出威吓对方的动作，实际上是在发出求救和舒缓紧张的信号。在面对体型较大的狗时，小狗常常会大叫，有时会跳出来对着大狗叫几声；如果主人在身旁，就会躲闪到主人身后以求庇护。

此时，主人不要大声训斥宠物狗，要理解它正处于极度紧张中，这时你可以弯下身子，安抚它的情绪，温柔地告诉它"不要怕，有我在身边呢"。狗狗虽然听不懂人的话，但它会从人的语气中明白身边并没有危险，从而慢慢安静下来。

"T" 字形站立的威胁

如果你曾经带着自己的宠物狗拍写真集或者合照时，可能会发现一个让你疑惑的现象：将胳膊搭在狗脖子上的你笑得很开心，相反，旁边目视镜头的狗狗却显得愁眉紧锁、肌肉僵硬，一副浑身不自在的样子。平时狗狗跟自己很亲热，那天也玩得很开心，为什么拍合照的时候，狗狗会表现出一副不乐意的样子呢？

其实，不是狗狗不喜欢你，或者说不是狗狗不喜欢照相，只是你与狗狗的站立姿势出了问题。在狗狗的世界里，对方将胳膊搭在自己的脖子上，在视觉上形成了一个"T"字造型，这对狗狗而言是粗鲁挑衅、对方侵犯自己空间的无礼行为。尽管对于我们来说，勾肩搭背是表示友好、亲密的交际关系，但在狗狗眼里却是威胁、挑衅的意思。理解了狗狗对这种姿势的心理，在下次与狗狗合照时，就要避免以这种姿势"为难"狗狗了。

当然，如果你与狗狗相处的时间足够长，彼此间对双方的肢体语言都已习惯和熟悉，狗狗能明白你这种行为并无恶意，那它对你的这种行为也不会有什么压力；但若是客人或是陌生人这样做，你最好阻止他，并舒缓一下狗狗紧张的情绪。

紧闭嘴巴、屏住呼吸——最后的警告

它们就像是被冻住了一样，纹丝不动，面部表情僵硬，屏住呼吸，全身肌肉僵硬，尤其是腿站得笔直，两只耳朵也紧贴在头部，整个身体像一幅静止的画像。如果狗狗露出上述这些表情和动作，那可要警惕了，这表示狗狗的压力已达到极限，如果继续触怒它，就会随时准备爆发攻击。

很多人以为狗"汪汪"这种吠叫就是具有攻击性的危险行为，但是"一个劲儿地吠叫"只是在发出警告，即"走开，我警告你，不要靠近"。这是发出攻击前的一个信号。但是若对方无视这种警告，继续侵犯它的私密空间，那么这种警告信号就会加强，瞳孔放大，出现鲸鱼眼，容忍已经到达极限，最危险的时刻就是狗狗屏住呼吸，闭紧嘴巴、嘴唇向前伸长，身体一动也不动地注视着你，甚至有些品种的狗狗嘴角会上扬，看上去像是在微笑，周围好似静止了一般，就在那一瞬间，危险和攻击就会随时爆发。

因此，我们在与狗狗相处时，要注意狗狗肢体语言的变化。在出现"不要靠近"信号的苗头时，就应及时给予它独立空间，舒缓它紧张、不安的情绪；若是狗狗已经到达极限紧张状态，那么最好还是离开它一会儿，避免双方的接触而引起紧张升级。

肢体各部位传达的语言信号

狗并不会用人的方式去观察这个世界，但是它们的眼睛同样是心灵的窗户，我们可以通过观察狗的眼睛来得到许多它们所处状态的信息。

当我们试着和狗交流时，需要知道狗如何通过眼睛进行交流，如何通过眼神传递情绪。当你能掌握这些眼睛传达的信息后，就可以用它们的方法和它们进行眼神交流。

🐾 眼神接触的意味

狗常用它们的眼睛进行交流。例如，如果一只狗试图去偷另一只狗的玩具或者骨头，它可能会受到玩具"主人"长时间的凝视。狗用凝视表示一种威胁，于是那个小偷就会意识到这个危险并因此放弃。狗还会用凝视来告诉周围其他的狗谁才是"老大"，有时一个凝视也能帮助狗挽回颜面。当它们正在玩耍时，一只狗可能会用背着地打滚，通常这是表示它的恭顺谦卑，但是它仍会与比它地位高的狗进行直接的眼神接触，表示自己并没有胆怯。

在人类与狗之间，直接的眼神接触通常并不意味着挑战或者威胁。狗已经习惯人类直接看着它们，并且它们也意识到我们的意图通常是善意的。当狗一直注视着某个人，它们基本上只是想开个玩笑或者是引诱他和自己玩耍。

眨眼睛是狗用眼睛进行交流的另一种方式。当两条狗第一次见面时，它们有时会做出很夸张的眨眼动作，这并不意味着它们心烦意乱或者不感兴趣，只是表示没有威胁。

🐾 眼睛与情绪

当你看着狗的眼睛时，它能告诉我们狗狗在想什么或感觉到什么信息，它们用眼睛表达爱意、满足、焦虑和生气。以下几种狗狗眼神分析，可以帮助你更好地理解狗狗眼睛与情绪之间的关系。

直接的眼神接触

高兴或者自信的狗通常会给你一个热切而灵活的眼神。它们眼部周围的皮肤将会舒展，外眼角会有一个小小的褶皱。这种眼神通常是在向别人打招呼、问候或者邀请一块儿去玩。

久久地注视

当它们注视某物时，比方说一只入侵的猫，狗通常会目不转睛地凝视着。当它们决定采取进一步行动时，它们会微微低下头，稍微斜视。这种表情就跟狼盯着比它们弱小的猎物时的表情一样。

当它们觉得需要防御、受威胁或要进攻侵略时，会采用相似的表达方法。它们会提起眉毛，眼部上面的皮肤会稍微起皱，随着其他情绪一并涌来，前额可能也会皱起。如果它们带有侵略性时，当然也会有点儿害怕，前额就会深深皱起，这种眼神似乎在说："你是朋友还是敌人？"

斜视

有些时候，斜视不是好斗的一种标志，比方说，注视着但又努力不让别人发现这种注视。眼睛闭着的狗往往在计划着什么。躺在地板上打盹儿的狗，大概正注视着一只猫，但是又想让这只猫以为它们在睡觉。当猫刚要离开时，它们会突然跳起，希望与猫一块儿游戏。

转移注意力

避免眼神接触或转移视线是狗保持平和的一种方式，如胆小的狗说："你是老大，我不想惹麻烦。"当它们碰上另外更有支配力的狗，或当它们感觉自己做了一些会让主人不高兴的事时，狗通常会往旁边看。

往两边看

当它们怕羞或被叫出去玩时，狗的眼珠子通常会转向两边眼角。这是一种礼貌地表达感谢的意思，不带任何攻击性。

睁大眼睛

预示着受惊吓或惊讶，有时表示害怕。一个突然出现的声音会使狗跳起来，四处转圈，睁着大大的眼睛注视着声音的来源。受惊吓的狗通常会把眼睛睁大以致眼白比正常时大很多。

迷茫的眼神

迷茫的眼神不需要太多解释——烦闷。如果它们醒了，睁开眼睛但没有看见任何人出现在家里，这时只能僵直地发呆，迷茫的眼神生动地表达了它们的烦闷。

眯眼或半闭着眼

当高兴或感到放松时，它们会眯起眼睛或半闭着。当它们享受着什么时，通常也会这么做。这半闭着的眼睛表达了无限的快乐。

耳朵

狗耳朵的功能不仅仅限于听，它们的耳朵会动，而且具有表现力，于是它们用耳朵来向人类和其他的狗表达感情。

狗狗的品种繁多，它们耳朵的形状大小各异，但所有的狗都会用相似的方式摆动耳朵，来表达它们的想法和感情。我们通过狗耳朵的动作和身体其他部位的表现结合起来，就能了解狗狗的思想状态。

中性位置

每条狗，不管它们的耳朵是大的、小的，直立的还是耷拉的，都有一个中性的位置来表明它是放松的，什么都没有想。狗耳朵根部的皮肤会很平滑，因为它没有用力运动此处的肌肉。狗在高兴的时候通常会把耳朵放在中性位置。

直立

狗受到它们看到或听到的东西的刺激后会把耳朵直立起来，并指向它们感兴趣的对象的方向。当狗要进攻时也会把耳朵竖起来。这在那些耳朵是直立的狗身上特别明显，比如德国牧羊犬。那些耳朵折叠或者下垂的狗，比如灵缇或拉布拉多猎犬不太可能像这样把耳朵直立起来，因此很难观察到它的这种反应。这时就要观察狗耳朵根部的皱褶，才能反映出它肌肉的活动。观察狗耷拉下的耳朵的顶部，它们在兴奋时或对一样东西感兴趣时就会把耳朵指向头顶。

狗耳朵的紧张程度会告诉你狗的感情有多强烈。狗在打算进攻时耳朵会比闹着玩的时候更紧张。

下垂和后弯

当狗的头部肌肉紧张，耳朵向后弯时，可能会感觉害怕、焦虑或者表现出顺从。它的这种感情越强烈，耳朵的位置就越是如此。当狗在考虑下一步做什么或和其他狗嬉戏的时候，耳朵也会处于这个位置。

耳朵像湿衣服一样耷拉下来的时候，狗其实是在说："我觉得无聊，周围什么事都没有。"一条耳朵直立的狗，耳朵不能完全下垂，但它们让耳朵向边上松弛；那些耳朵天然下垂的狗则能让耳朵垂得更低。

多种姿势

狗有时候有两种心情，会通过耳朵的位置表现出来。有时一只耳朵竖起而另一只后弯，这很常见；或者有时会一只耳朵折叠，而另一只紧贴头颅。有时候，狗的耳朵会随着狗的感情的变化而不断改变。当你的狗看到不认识的人进来，它不知道该兴奋还是紧张，耳朵就会表现出这种迷惑。

🐾 会说话的耳朵

从某种意义上说，狗的耳朵是能够说话的。当然，狗耳朵语言是要配合身体其他部位的动作来表现的。

"怎么了？"

狗被周围新的声音或现象吸引，聚精会神地观察。此时它的耳朵会直立，或者稍向前倾。

"真有趣！"

狗观察的同时，还在享受新的刺激。它的耳朵会直立前倾，头部倾斜或放松，嘴巴微张。

"什么？"

当狗竖起耳朵，合上嘴巴，眼睛半闭，尾巴可能还会低垂着轻微摆动的时候，就说明它不太明白，对新的事物表示疑问。

"我准备开战，你考虑一下！"

狗发布进攻的威胁信号时会立起双耳，皱起鼻子，露出尖尖的牙齿。

"我喜欢你，你很强大！"

狗希望和平、表示屈从时，面部表情会很平和，耳朵向后平贴头顶。

"我没有威胁，别伤害我！"

当狗耳朵后贴的同时，后躯放低，尾巴大幅度摆动，就表明甘拜下风。

"我需要考虑考虑！"

这时狗的耳朵后拉。

"嘿，在这儿，我们一起玩！"

狗通常会友好地邀请你去玩，它的耳朵后贴，张开嘴巴，眨动眼睛，高耸尾巴，有时还时断时续地吠叫。

"我害怕，别再威胁我，否则我要反击！"

狗恐慌不安时会贴住双耳，暴露牙齿。

"我不喜欢这儿，撤退还是进攻？"

有时狗会有这样一个动作：耳朵轻轻后拉的同时，轻微地向两旁展开。这是由不安、怀疑向进攻或逃跑过渡的动作。

"我只是四处走走，不要对我有敌意！"

狗的耳朵不停颤动，通常先向前伸，片刻后向下伸，这表示它举棋不定，更加恐惧和屈从，而且希望和平的愿望更强烈一些。

不同品种狗的耳朵特征

狗狗的品种不同，耳朵的构造也不同，导致人们有时不能正确接收到狗狗用耳朵传达的情绪。下面我们一起来看不同品种的狗狗如何使用耳朵表达情绪。

耳朵直立的柯基犬和阿拉斯加雪橇犬，常常表现出警觉、智慧和富有攻击性；耳朵半直立的柯利牧羊犬、喜乐蒂牧羊犬，看起来也很警觉，但比那些耳朵完全直立的狗要友善一些。耳朵垂下来的狗，比如巴赛特猎犬、猎兔狗和拉布拉多犬，看起来友善平静，人们自然而然地会被这些狗吸引，因为下垂的耳朵给予了它们温顺的外貌，这一点就很吸引人。

但有些有个性耳朵的狗会传达出令人迷惑的信息。比如，巴赛特猎犬性情通常活泼友善，但耷拉的长耳朵让它们看起来很忧郁；可卡犬长长的覆盖着厚厚毛发的耳朵让它们具有温和的外貌，但事实上它们往往高度紧张，容易兴奋；哈士奇犬有直立的三角形耳朵，连同它们像狼一般的外形和颜色，使它们无法表现友善而温顺的天性。

🐾 嘴巴

　　许多狗在心情好或是很舒服的时候会张开嘴巴。真正危险的时刻并不是狗张开嘴巴或是狂吠，而是突然沉默，狗发出最后的警告就是突然紧闭嘴巴。当狗集中注意力的时候也会紧闭嘴巴，有时人类的呼吸能给宠物狗重要的信号。当主人突然屏住呼吸，闭上嘴巴的时候，身边的宠物狗也会和主人一起变得紧张，集中注意力；如果狗狗露出牙齿并一个劲地"哼哧"，也是在发出警告的信号。它在向对方宣告"我们不要再让情况恶化了"。

🐾 舌头

　　狗狗伸出舌头舔一舔，就相当于人的亲一亲，至少大部分情况是这样的。舔主人的脸就不必说了，那是它想告诉主人它有多爱主人；舔陌生人的手或是脸则说明它喜欢这个人，想和他做朋友。

尾巴

狗狗有一种独特的行为模式，而且几乎每个人都很熟悉，那就是摇动尾巴。大多数人都知道散漫自由地摇动尾巴，表示愉悦和友善；夸张地摇动尾巴延伸到整个臀部，会在顺从的狗与那些尾巴非常短的狗身上看到。

每只狗的尾巴不一样，无论是尾巴的模样，还是使用范围均不相同。要想准确判断尾巴所传达的信息，就需要我们平时对宠物狗尾巴的位置、移动方向进行仔细观察。例如，有些狗的尾巴可以翘到背上，但是有些狗由于身体结构的原因，尾巴永远是和脊椎平行的，不能再向上移动了，当然人为原因导致狗的尾巴变短也很常见。

🐾 尾巴直立

一般来说，尾巴直立表示强烈的支配性、攻击性和警惕心；反之，放低尾巴或是夹在两条后腿之间则表示顺从和恐惧；同时，放低屁股并半弯后腿表示极度不安和害怕。有人认为狗狗摇尾巴表示高兴，这种说法并不正确。有时候，狗狗用力地左右划圆形地摇尾巴，是在表示：不要靠近我。

如果它盯着一个目标，慢慢地晃着尾巴，这就是一个警戒的信号，所以，不要认为陌生的狗狗对你摇尾巴就表示它喜欢你，贸然行动会让狗狗觉得害怕，进而可能做出伤害你的举动。

🐾 夹起尾巴

恭顺、焦虑或惊恐的狗总是把尾巴夹在两腿之间。尾巴缩得越紧，这种感情就越强烈。狗如果极度惊恐，它就会把尾巴一直卷到肚子下面；如果尾巴缩进去了，它的尖端还在稍稍摇摆，这显示了它的恐惧。

夹起尾巴并不总是意味着悲伤。比如，小狗在和大狗打招呼时通常把尾巴缩起来，这是它们表达尊敬和恭顺的方式。一旦大狗接受了小狗的问候，它就会把尾巴再伸出，自然摆动。

🐾 高而僵硬

当狗把尾巴从水平抬高到更高的位置，并且动作僵硬时，你能完全确定它不是处在有趣的环境中，而是处于潜在的挑战和威胁中，狗在试图表现它的权威性时通常把尾巴抬高到稍高于水平的位置。为了使它们看起来更强大、更霸气，它们会把尾巴抬得更高并微微前后摇摆。当狗尾巴几乎僵硬时，可以判断它真的很恼火。当愤怒转化为真正的攻击时，尾巴将抬得更高，并且一动不动。我们可以注意到这时狗的毛发会竖起来，怒发冲冠，这是它们显得比实际更强大的方式，而且颈部和背部的毛发也会开始竖起来。

🐾 下垂轻摆

狗在愤怒或在经历其他强烈情绪时会把尾巴竖起来，这种情绪稍稍减缓时它们就会把尾巴垂下。狗尾巴垂到水平线以下轻轻摇摆意味着情绪低落，这时狗有点担心，缺乏安全感或者可能有点不舒服。

用吠声表示感情

1 短吠与长吠，短吠表示心情佳或别有用途（示意想要某件东西时），长吠（像嗷呜嗷呜）表示兴奋与警告。

2 悲鸣，表示不安或寂寞，往往尾巴垂下，声音凄凉。

3 嘶哑低吼，威吓别的动物与人时皱起鼻子来发出的声音。

用动作表示感情

1 把身体靠过来，为显示友爱的表现，尾巴会随着不停摇摆。

2 把肚子翻过来，表示服从和绝对的信任。

3 垂耳锁头，是心虚、料想会挨骂的表现。

4 狗爪子亲昵地抚摩是为了让对方平静下来。

5 舔另外一只狗的脸是邀请对方玩或表示依从。

6 靠在另一只狗身上并轻轻摩擦是表示友好。

颈背部可竖起的鬃毛

1 鬃毛竖起表示警觉，或是害怕，或是被其他狗激怒。

2 鬃毛平伏表示平静。

狗狗常见
的交流问题

　　狗的交流问题主要就是交流障碍。狗和人类共同生活已经有数千年的时间了，大多数时候我们能很好地互相理解，但有时也会遇到交流障碍的问题。狗狗不能理解我们叫它做什么，我们也常常发出让它们误解的信号。

　　人和狗说的是不同的语言，因而注定会有交流障碍，除非我们各自都多少学一点对方的语言。这些问题发生的形式常常很奇怪。你可能没想到，破坏性的撕咬、把房间搞脏都缘于我们和狗狗的交流失败。

　　在许多情况下，如果我们能更多地考虑狗狗的感受，解决这些问题就容易多了。以下一些常见的狗狗交流问题，能帮助你更好地克服与狗狗的交流障碍。

爬上家具

　　狗喜欢舒适的环境，软椅或铺着被子的床都比硬硬的地板更加吸引狗的眼球。但想要舒服一点并不是狗占领家具的唯一原因。

　　从它们的角度看，人类舒服的场所就是权力的象征，这可比地板上的小垫子舒服多了。这就是为什么哪怕给了狗狗舒服的窝，它还要溜到沙发或床上来的原因。它们在告诉你什么呢？

🐾 "我想知道发生什么了"

它们喜欢了解正在发生的事，并喜欢参与其中，即使是当个沉默的观众也好。它们的床通常缩在一个不起眼的角落里，而沙发和椅子通常在房间的中心位置，从那里可以方便观察发生的一切。另外，家具通常高于地面，高的位置对于狗来说是地位的象征。

一旦狗喜欢上一件家具，你就很难说服它睡到其他地方去。驯狗师建议在狗选中的地方放上几本书，或其他的阻碍物，持续放上几天，同时给狗狗提供更为舒适的床。可以把它的床放在沙发边上，或是接近房间的中央，那样它就能观察到发生的事情了。

破坏性行为

小狗喜欢花上好几个小时的时间咬鞋子、破坏桌椅或撕咬衣服。它这么做的部分原因是因为长牙，咬东西让它们感觉舒服一些；也有部分原因是它们觉得咬东西好玩，它们还没学会区分肉骨头和你的新拖鞋。大多数狗狗在 4 ~ 8 个月的时候长牙。

小狗的这种正常行为放在大狗身上就是个问题。以下是导致这个问题的原因：

🐾 "还能做什么呢！"

狗有时候破坏主人的东西仅仅是因为无事可做，这通常发生在许多时间都独自待着的狗身上。它们常觉得厌倦，开始寻求刺激，咬东西对它们来说是件好玩的事。

🐾 "我害怕孤独！"

狗是社会性动物，不喜欢独自待着。大多数狗会学会独处，但有些会变得近乎疯狂，咬东西和其他破坏性行为是它们宣泄孤独和害怕的方式。你的衣服和其他东西上有你的气味，所以你的狗狗在咬的时候会闻到你的味道，就会觉得和你更贴近。

不管是什么原因造成的，要制止它并不难，可能最好的解决方法是买一些供咀嚼的玩具。当然，这些玩具必须比你的东西更具有吸引力。比如，有种玩具是硬橡皮做的，几乎咬不坏，中间是空的，这样就能装进吃的让它变得更有吸引力。

狗需要更多的玩具来消耗额外的热量，经常性的运动也是必需的，散步或跑步后狗很累了，就不太会感到厌倦和寂寞。

在房间里排泄

当狗还只有几个月大时，人们就要训练它们不在房内便溺。一旦知道了规则，它们就会尽其所能及时到它们喜欢的地方去排泄。但是，就算有最好受训记录的狗偶尔也会去它们不该去的地方排泄。这不是"意外"，因为成年狗知道它们该去外面解决，这么做其实是在告诉你：

1 "我等不及了"

即使是训练得很好的狗也会有忍耐的极限。如果门上没有狗洞，它们想撒尿的时候就出不去。当你一天都不在家或工作到很晚时，要让它们等着，这不现实。

2 "我是头头，这就是证明"

对狗来说，小便是它们划分界限并确立在家中地位的方式。所以，当家里有了第二个宠物后，这个问题会突然爆发出来，通常表现为原来的那个宠物开始在"战略地点"排泄。

可能要花上几个星期或更长的时间来让两条狗互相适应。如果你能强化它们自然的等级关系，那适应的速度就会加快。给"领头狗"特殊照应，一旦你的狗狗感觉到它在家中的地位稳定了，就不会再为争权夺利而随处排泄了。

忽视命令

我们有时会听而不闻，狗也一样，有时会故意忽视主人的命令。它们这么做大致出于以下几种心理：

🐾 "我不明白！"

用错误的方式发布命令会导致狗迷惑不解。如果主人的命令不清晰、间断、前后不一致，那么你的狗狗可能会弄不明白你要它做什么。

要用简短的一两个字的命令。要注意每次都用同样的字，也要注意用清晰、高兴的语调与狗狗沟通。

🐾 "我有什么好处？"

狗知道它们该遵守命令，但有时候它们不愿扔下骨头，也不愿意跑到主人那里去，除非那里有什么好事在等着它。

那些不常表扬狗狗的主人很快就会发现他们的狗狗"忘了"服从命令。就像人一样，狗也需要一点动力来继续它的工作。对大多数狗来说，它的工作就是做主人要求它做的事，它应该立即得到主人的赞赏——不管是吃的也好、爱抚也好，或是一句热情的"好狗狗"也行。

❦ "我担心照你说的做了以后，你会做什么！"

如果每个命令都伴随着激动和快乐，那狗狗就会专心很多。但是，狗狗经常会把"过来""躺下"这些命令和"洗澡"这种令它不快的指令联系在一起。狗的记性很好，而且很容易把两件事相联系。一旦在"过来"和"洗澡"之间建立了联系，将来它就很可能忽视你的命令。

因此我们可以在任何命令后面都附加一件让你的狗狗开心的事情，这是一个不错的方法。如果想要你的狗狗随叫随到，那么这一点就很重要。事实上，当你知道你要做一些狗不喜欢的事的时候，比如让它洗澡，你就绝不要叫它。在这种情况下，你最好走到它那里去而不是让它过来。

❦ "我干吗非得听你的？"

狗对地位很敏感，它们想知道谁是头。如果它们不知道的话，就会假定自己是，然后对主人注意得越来越少。

如果你不愿意担当头的角色，就不可能和你的狗狗有良好的关系。你要给它命令，并且贯彻执行，要确保你给狗狗的信息前后一致，不能纵容它为所欲为，想要什么东西的时候一定要让它先照你的要求做。

狗很像孩子，它很快就会发现你的弱点，比如许多人对狗说"过来"，其实并不真的期望狗立即过去，他们的狗狗也不想马上跑过去。那么主人就会再次叫"过来"，然后叫第三遍，他们的狗还是不会过去，因为主人在无意中就教会它们忽视命令是无所谓的。防患于未然的唯一办法是只给狗狗能够听懂而且愿意贯彻的命令。

拉绳子

我们经常能看到飞奔而过的人们，他们的狗在带着他们散步，而不是他们带着狗散步。一直拉着狗绳跑的人会让愉快的散步变成令人腰酸背痛的马拉松，就像其他的淘气行为一样，牵拉狗绳也是狗狗的表达方式。重要的是弄明白为什么你的狗狗要这么做，然后你就可以找到解决方法。

1 🐾 **"我是这里的头！"**

拉狗绳的狗感觉到它们是主人，而你不是。有些家庭没有明确应该是人来发号施令，而不是狗，这些家庭通常就会出现这个问题。

2 🐾 **"看看发生了什么！"**

在狗看来，任何新鲜事物都让它好奇，任何让它好奇的事都值得探索。在人看来毫无意义的景象和声音对狗却很有吸引力。

3 🐾 **"抓住那只猫！"**

一些狗一看到周围有小动物就拉紧狗绳，狗以前是肉食性动物，本能告诉它们要对此做出反应。

4 🐾 **"让我们尽快到那里！"**

并不是只有人才会对某样事物产生狂热的情绪。当狗知道它们要去让它兴奋的地方的时候，可能会拉紧狗绳以求尽快到那里。

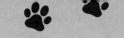

Part 3
纠正狗狗问题行为，
让狗狗生活得舒适又安全

有礼貌、有教养的狗狗去到哪里都受人欢迎，

但是，那些见到人大喊大叫的狗狗总是令人难堪。

狗狗出现问题行为，并不只是狗狗的错，

作为饲主，有责任去引导狗狗进行行为教育。

一只被人夸奖的狗狗，总是**生活得舒适又快乐**。

如何判断狗狗
有问题行为

从三个角度来判断狗狗的行为是否是问题行为

狗狗的行为是不是该加以纠正，可以从三个角度来进行判断。

当狗狗出现某种行为时，对谁会造成问题？是对饲主、对社会环境还是对狗狗本身会造成问题？

例如狗狗的扑人问题。或许饲主对于狗狗喜欢扑向自己并不觉得有什么问题，但是对于客人或者陌生人来讲，或许对方并不享受这样的"亲昵"，因此从社会环境的角度来看就不太适合。而从狗狗本身的角度来看，扑人时狗狗两脚直立，对狗狗的身体会造成负担，就更不是一个好行为了。

当三个角度中有一个出了问题，就应该对这种行为加以纠正。

问题行为是一种生活习惯养成病

狗狗的学习能力很强，并且对人类有一定的依赖性，它们会从生活环境和饲主对待狗狗的态度中学习模仿，并渐渐在强化中形成这种行为模式，做出让人困扰的行为。

这就跟我们人类自身的坏毛病一样，在日复一日的生活环境下不断重复，成为一个不易改变的坏习惯。

因此，如果想要改变狗狗的问题行为，就要先从饲主的正确行为开始。重新检视饲主和狗狗的日常生活相处模式，还有饲主对狗狗的行为教育方式。要先了解狗狗的肢体语言含义，纠正自己对待狗狗的态度和观念，用科学、有效的行为训练狗狗，强化这种模式，建立奖赏与行为挂钩的训练方法。当饲主做出改变，狗狗的行为问题也会跟着改变。

纠正狗狗问题行为
的解决方案

如果你的狗狗习惯做出某种让你感到困扰的行为时，很有可能它曾经在做出这种行为时受到了奖赏，或是曾经做出这种行为后它不喜欢的事物消失了，那么它就会将这种结果与行为联系起来，在下一次重复这种行为，行为会产生后果，狗狗再依据这些后果决定是否重复这些行为。

找出问题行为背后的原因

🐾 狗狗不会毫无理由地重复问题行为

问题行为背后往往隐藏着一定的原因，或是狗狗们有想传达的信息。对于狗狗出现的问题行为，探寻发生的"时间、地点、对象、方式"等因素，是找出狗狗重复这种行为模式的重要线索。利用这些因素，再现狗狗发生问题行为的场景，试着去理解：狗狗在什么时候吠叫？在哪里吠叫？对着什么东西吠叫？如何吠叫？是因为发生了狗狗喜欢的事情，或者让狗狗感到讨厌的事情消失了？不断去观察狗狗所处环境的蛛丝马迹，狗狗问题行为的原因就容易理解了。

1 🐾 **改变狗狗的饲养环境，不让狗狗有机会做出问题行为**

如果狗狗没有经历过这种体验，就不会学习到行为，也就避免了问题行为的发生。

- -

2 🐾 **找出触发狗狗发生问题行为的信号**

推测是什么可能引发狗狗做出问题行为，避免狗狗再次发现和感受到这个信号。

- -

3 🐾 **让好的事情不要发生或消失**

观察狗狗出现问题行为后产生的结果，如果是产生了好的事情（例如有狗狗想玩、想吃的）而让狗狗做出这个行为，那就让它不要发生或消失。并趁机教导狗狗，只有做到主人期望的行为后，才会得到它想要的事物。

- -

4 🐾 **让狗狗习惯并接受那个它讨厌的事物**

若狗狗是为了让自己讨厌的事物消失才采取某种行为，就要让狗狗去习惯那个它讨厌的事物。

其他像是狗狗为了有人能跟它玩而乱扑人这种行为，就可以教导狗狗"坐下的话会有更好的奖赏"，因为坐下与扑人并非可以同时进行的动作。

尴尬！我家的狗狗爱吃便便

　　有些时候，狗狗会莫名地将刚拉出来的便便吃掉，这是什么原因导致的呢？俗话说"狗改不了吃屎"，难道狗吃屎是天性使然吗？其实不然，狗吃便便有几个原因：

1 狗狗身体里缺乏某种元素或矿物质

　　如果主人总是用人的饭菜喂给狗狗吃，而没有养成吃狗粮的习惯，时间久了，狗狗就会因食物单一而缺乏一些元素，就会出现啃墙皮、吃土或吃便便的情况。

2 狗狗天生的坏习惯

　　这种情况主要出现在小狗身上，未成年的小狗会以为便便是可以吃的东西，而且它们身体处于生长发育期，总是有饥饿感。在吃过一次以后，如果拉了便便没有及时清理，就会再吃第二次、第三次。

3 狗狗便便中含有一些未消化的营养成分

　　因此应该给狗狗吃一些助消化的药物，这样也有利于制止狗狗吃便便。

对症施治，让狗狗不再吃便便

1

针对缺乏元素或矿物质的狗狗，动物医院有含专门的复合元素和矿物质的药物，给狗狗按体重定量服用。

另外，尽量喂狗狗吃狗粮。如果狗狗已经习惯吃人饭，也要尽量让狗狗往吃狗粮这个方向发展。比如，在它习惯吃的饭里加些狗粮，开始时少加点儿，之后可以逐渐增加。

2

小狗吃便便这一习惯的改正需要你给予它更多的关注。首先，狗狗拉便便通常在吃饭后的一两个小时，在这段时间饲主要注意，它一拉完便便就及时清理，这样，在它又产生饥饿感乱找东西吃的时候就没有便便可吃了。

3

发现狗狗吃便便时，要立刻制止它，严厉地批评，让它知道自己错了。但一定要在它正在吃的时候，如果在它刚拉或是刚走向便便时就批评它，会引起它的误解，以为拉便便是一件错事，这样会更容易导致它把拉的便便吃了。

当然，科学喂食也非常重要。喂食的量和时间要比较固定，这样容易让狗狗养成定点吃饭的习惯。

4

此外，还有一些方法可以防止狗狗吃便便。如在狗狗拉的便便上洒上含狗狗不喜欢的味道的东西，比如胡椒粉之类；让狗狗拉出来的便便有它不喜欢的味道，如添加蒜头之类的食物（不可以加洋葱，因为其中含有对狗狗有害的成分）。

让狗狗自觉回到
室内如厕的训练法

狗狗不愿意在室内上厕所，一定要跑到屋外去排泄。这种现象，很多饲主都遇到过。

在户外排泄是狗狗的天性

在液体不容易回溅的地面上撒尿是狗狗的习性之一，野生的狗狗若是身体沾到尿液会比较容易得感染性疾病，尿液的味道也容易被猎物察觉而逃走或是招来猎食者袭击，所以狗狗喜欢寻找尿液不容易回溅的地面进行排泄，这是狗狗的天性之一。

尽管如此，针对不回室内如厕的狗狗，在经过特定训练后，狗狗可以学会在室内指定地点如厕。

不要让狗狗认为外出大小便是它的权利

一些饲主认为狗狗在户外大小便最好，这样的观念是错误的。其实正确的训练方式是，让狗狗习惯在家里固定地点排泄。因为如果哪天饲主不在家或者外面下雨不能外出，狗狗就会开始憋尿或忍住，直到主人带它外出。这样会导致狗狗认为外出是它的权利，也会因为长期憋尿忍住不排便，影响到身体健康。

训练狗狗回室内如厕的方法

1. 选择不显眼的地方

一般以墙边、楼梯下的角落、阳台、厕所为多，尽量不要侵占到家人的居住空间。如果是在套房内饲养，可以考虑在沙发背后或屋子角落处放置尿布垫。趁着狗狗在屋外上厕所的时候，迅速铺上尿布垫，上面撒上一些引便剂，在狗狗尿尿前发出声音信号，在狗狗每次排泄时，让它的脚感受尿布垫的触感、鼻子闻到特定的味道、耳朵听到特定的指令，持续一个星期以上，使狗狗习惯尿布垫并养成在指定地点尿尿的习惯。

2. 选择安静的地方

刚出生几个月的小狗正值好玩的阶段，为使小狗安定下来大小便，应选择听不到外界杂音的地方安置尿布垫，如阳台、走廊的一角、浴室或室外庭院的角落，无论哪一个地点都不要距离幼犬起居场所太远。

3. 选择干净的地方

养成每日清洗的习惯，所以最好选择便于清洗的场所。

排泄的地方不要随意更换位置

排泄的地方固定下来后就不要轻易改变，因为狗狗会跟随自己的排泄习惯改变所有习惯，常改变排泄地点会使狗狗变得无所适从。固定好排泄地点，训练狗狗在这边排泄的习惯，狗狗会逐渐习惯在室内指定地方排泄。

见到人就乱跑乱叫
的宠物狗

　　如果我们见到长得可爱的宠物狗，会忍不住跑过去抚摸它，和它对视；如果在路上遇到熟人，我们会走过去握手、拍肩膀。这都是我们人类正常的问好礼仪。但是在人们眼中友好的问好方式对宠物狗而言，是一种没有礼貌且让它不舒服的行为。这些行为包括：

- 正面对视
- 伸出手并发出"噢噢噢，呵呵呵"的声音
- 大声尖叫
- 用两只手抓住它的脸
- 抚摸它的头

　　虽然和人类生活的时间比较长，宠物狗也知道人们的这些行为并无恶意，但无论如何，这些行为都给宠物狗带来了压力。有些宠物狗选择默默承受压力，而有些狗狗就会通过狂吠宣泄不满，这也是为什么现在城市生活中越来越多的宠物狗无缘无故狂吠的原因之一。

和第一次见面的宠物狗如何正确打招呼

简单来说，记住以下三大要点：

1 首先和它的主人打招呼并询问是否可以接近。

- -

2 得到主人的允许后，站在一边等待，等着宠物狗主动上前嗅你的气味，因为狗是通过气味来打招呼的。

- -

3 用手背轻轻抚摸狗的后背。

在路上看到可爱的狗狗时，首先应与狗狗的主人问好，可以是一个眼神，或者一个友好的手势，再询问是否可以接近宠物狗，得到主人的允许后，就静静地站在一边，可以一边与主人小声地聊天，一边等待宠物狗主动地来嗅自己的气味。"小狗真可爱，它今年几岁了"，人们用语言来问好，狗则通过气味交流。狗通过这些气味，可以知道对方是谁，从哪里来要到哪里去，还有对方的年龄，并判断出自己靠近是否安全。

但是如果狗发出压力信号（舔嘴唇、转头、挠身体、打哈欠），身体重心开始向外移，虽然很遗憾，但还是要离开它，因为它已经明确表示不希望你靠近。如果狗的状态很放松，渐渐向你靠近，你可以将手轻轻地握拳放低，让宠物狗嗅你的气味。然后用你的手背轻轻地在狗背上摸两三下，如果此时狗没有离开，那么你也可以做出一些更亲近的举动；但是如果狗开始移动脚步，朝着其他方向嗅来嗅去，那么你也应该尊重它的意愿，不要去干涉。

无论是和我们一起生活的宠物狗，还是遇到其他的狗，我们和这些狗面对面坐着的时候，一定要稍微侧着身子，尽量不要正面对视。

总爱舔人的嘴和脸
的宠物狗

喜欢舔人的嘴和脸是狗狗的天性

爱舔人的嘴和脸，这是狗狗的一种天性。从狗狗的天性和成长的历程来说，当狗狗还是小狗崽的时候，狗妈妈舔舐它的嘴和脸来给它做清洁，这是狗狗最初的关于爱抚和安全的记忆。等狗狗长大一些，可以吃食物后，狗妈妈会出去猎食，先吃进肚子里，然后回到窝里，通过反刍的方式，把食物吐出来给小狗狗吃，所以对于小狗而言，舔妈妈的嘴就意味着可以得到食物。

虽然狗狗现在已经成为宠物，衣食无忧，不需要狗妈妈用这种方式来喂养小狗，但这种原始的本性依然存在。狗狗舔嘴和脸或被舔嘴和脸都是与狗妈妈相关联的习惯动作，所以对于它来说，这是一种完全没有恶意的友好的表示。

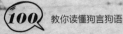

如何制止狗狗舔人嘴或脸

在狗狗把它的脸凑到你的脸前时，用手捏住它的嘴，把嘴扭向一边，然后跟狗狗说"No"或是"不要"。

你也可以把它的头按下去，然后用手揉揉它的耳朵，这样可以让狗狗感受到你对它的爱，而不会让它在没有亲到你的时候觉得失望。只要坚持，就可以让狗狗养成与你相适应的习惯。

制止狗狗舔人嘴或脸会伤害到它吗

如果你不喜欢被狗舔嘴或脸，就阻止它，不用太担心这么做会让它觉得失望或伤心，因为一旦狗狗习惯了另一种表达亲热和爱抚的方式，它就会放弃原来的表达方式。狗狗与人之间的沟通和交流每时每刻都在进行之中，只要你能让它了解你抚摸它的头、揉它的耳朵是爱它的表示，而它摇着尾巴欢迎你、在你身边愉快地蹭来蹭去是你能接受的表达爱的方式，你和狗狗之间的情感传递就可以顺利地进行下去。

让狗狗习惯
被人类拥抱和抚摸

　　人类喜欢通过接触、拥抱、握手等动作表达感情，但狗狗不会，所以要让狗狗从小就习惯人类这种表达感情的方式。在狗狗很小的时候就养成温柔抚摸它的习惯，慢慢地，它就会喜欢上人类的手，同时也为以后给它梳毛、接受陌生人的抚摸打下基础。如果它以后生病了，兽医也可以很顺利地做检查。大部分的爱狗人士都会先入为主地认为狗狗是温顺的，所以我们平时就要让狗狗习惯被人触摸。

让狗狗习惯被人爱抚的训练法

第一步

　　抚摸它的动作要十分轻柔。你可以坐在地上，让狗宝宝卧在你的腿上，它不乱动后，逐步抚摸它，先顺着背部，再试着摸摸前爪，然后是腹部和后腿、尾部，等它完全信任你时，可以试着摸摸它的臀部。

第二步	每只狗宝宝都会有它非常敏感的部位，当你触碰到时，它会扭动身体或有其他反抗行为，这时你可以一边用食物吸引它的注意力，一边轻轻抚摸它的敏感区，直到它适应为止。

第三步	用毛巾帮它擦身体，开始要慢，以免刺激它咬毛巾玩。刚开始可以只擦一部分，然后让它活动一下，之后再慢慢延长时间。如果它咬毛巾，你可以抓住项圈阻止它，并把毛巾移到后面它看不到的位置。

第四步	如果狗宝宝习惯了抚摸，你可以试着抱起它，并用食物吸引它的注意力。

完成	抱起狗宝宝时，用一只手搂住它的胸部和前肢以免它乱动，另一只手托住它的臀部。 如果狗狗在你抱起时挣扎，不要起立得太快，否则狗狗的感觉就会像你坐电梯太快一样，很不舒服。在它的脚离开地面后，尽量把它搂在怀里，这样它会感觉安全些。

🐾 **温馨提示**

（1）开始时尽量保持和狗宝宝一样的高度，使它可以自然地站着或躺着。抱它时不要过分用力。

（2）食物和轻声说话可以缓解它的紧张情绪。如果发现敏感区，动作要轻柔缓慢，直到狗狗适应为止。

（3）经常练习，每天至少一次。

坐上车就兴奋或者
紧张极了的狗狗

　　周末想带着狗狗驾车出游，以增进彼此间的亲密关系，就需要考虑到狗狗搭车的问题。有些狗狗性格活泼，一坐上车就特别兴奋，看到车门打开就立即激动地冲上车；还有些狗狗很容易紧张。这两种极端的个性都会让车主无法专心开车，因此，训练狗狗的搭车礼仪很有必要。

如何训练狗狗的搭车礼仪

第一步

容易兴奋的狗狗，看到车门打开就会激动地冲上车。想要控制住狗狗的兴奋劲，狗主人就需要对狗狗进行专门训练，保证它只有在听到"上车"的口令时才上车。发出口令之前，要让狗狗耐心等待，即使它有上车的冲动，也要先制止住。

第二步

刚刚上车的狗狗可能会兴奋得静不下来，一直跳来跳去，甚至还想往前座跑。这时，就需要狗主人坐在狗狗旁边，将它安抚下来。如果狗狗想往前冲或一直静不下来，狗主人就要发出"不可以"或"NO"的口令。

第三步

如果狗狗个性紧张，开始时可以使用运输笼，因为运输笼可以让狗狗更有安全感。狗狗进入运输笼后，先发动引擎，但不要动，留一段时间给狗狗，让它逐渐习惯车内的气氛和环境，向它传递"这里是安全的"这一信息。

温馨提示

（1）狗狗第一次搭车，并对它进行搭车礼仪训练时，除了开车的人以外，还要有一位乘客帮助控制狗狗的行动。若是无人帮忙，建议狗主人准备一个运输笼放在后座上，让狗狗一上车就直接进入运输笼。当狗狗习惯了上车坐在固定的位置也不会乱叫之后，再移出运输笼，让狗狗直接坐在后座上。

（2）刚开始训练时，尽量找一个离家不太远又可以带着狗狗玩的地方，让狗狗将好玩跟坐车联想在一起，这样它就会爱上坐车，不会胆怯。等狗狗适应坐车后，再慢慢延长坐车的距离和时间。

（3）小心驾驶，因为狗狗并不知道车子何时会拐弯，所以拐弯时应该减速。当然，加速或减速也要缓慢进行，不能突然猛踩油门或刹车，这样只会让狗狗受到惊吓，进而更加害怕坐车。

刚吃饱又讨食的"贪食狗"

像人类一样，狗也会贪吃味道好的食物。不同的是，它们认为所有的食物味道都很好。贪食完全是狗的本性，许多狗都不会满足，直到它们吃到超过它们本身需要的热量很多倍的食物。

这种贪食倾向意味着很多狗都是终生的"乞丐"，也是肥胖者。因为它们的消化系统不可能总是保持健康，所以狗狗狼吞虎咽完食物以后，很可能就会呕吐——而且通常会吐在门后或吐在你最好的地毯上。

既然贪食是狗进化中保留的一部分，我们也就不要抱太大希望去教会它们遏制食欲了。根据专家的建议，你可以减慢它吃的速度，这样至少可以让它不生病。

给"贪食狗"的饮食建议

🐾 给狗吃多一点膳食纤维

这样它们吃少一点的东西就可以有饱胀感了。或者多吃一些高纤维食物——这些东西可从兽医或宠物供应商店得到。又或者在它们的辅食中加一些煮熟的燕麦片或清蒸的蔬菜，这样狗狗才不至于营养过剩。

🐾 不要一天给狗吃一大餐，而应该给它分成六七餐

这是帮助它感到满足的另一种方法。虽然它们仍然会狼吞虎咽，但少量多餐至少不会让它们有消化不良的后果。

兽医有时建议在它们的食盆里放上一个网球或者一些更大的东西，这样迫使狗不得不在物体周围挑取食物，吃速也会相应减慢。

"翻箱倒柜"
的 "偷食狗"

　　有些狗狗在主人的眼皮底下偷食，有些狗狗等到主人不在家的时候或者睡觉的时候开始行动。有时你发现一块火腿不见了，一些瓶瓶罐罐被打翻了，小孩子的冰激凌也不见了，你肯定会首先想到是狗狗干了这种"下流"的事。

　　如果狗也有法庭的话，那就不存在偷窃罪了，因为每只狗都或多或少偷过一些食物。回到过去野生的日子里，机灵的狗在那种环境下更适合生存。

　　诚然，狗很愿意让它们的主人开心，改正一些不良行为会让它们成为更加文明的犬齿类"公民"，但食物是非常强大的诱惑，不论是主人给的还是自己偷的。很多时候，你当面可以教狗不要偷东西，但是你一转身它们就会回去找食物。

　　与依靠正式的训练去阻止狗的偷食相比，很多驯犬师喜欢用一些潜在的方法。他们不一定要训练狗去做恰当的事情，但是会用小小的惩罚来阻止它们的偷窃行为。

避免狗狗弄乱柜面的训练法

　　狗的逻辑是，它们从柜子里掠取食物仅仅是因为那里常常放着食物。

　　因为你不可能一直看护着你的柜子及里面的东西，驯犬师们已经想到了一些更有效的方法去阻止那些未经允许的掠食行为。

　　建议你买一卷双面胶，沿柜子的边缘粘一圈，撕下上面的纸片条。然后在胶带后面几米的地方放上一些诱饵，例如一片新鲜的面包。胶带应该是非常黏的。当你的狗跳上柜面想去抓食物时，胶带会黏住它探索的爪子，或许还会拉下一些脚上的毛。狗非常讨厌黏的感觉。假如你几个星期都这么做，你的狗很可能渐渐厌恶整个柜子包括上面的食物，并且完全远离它。

爱翻垃圾箱
的"邋遢狗"

　　站在狗的角度，一个满满的垃圾桶就是一顿可以吃通宵的美食。如果你的垃圾桶经常开着，又总是充满着"非常棒的食物的腐烂味"，狗狗就会很容易凭嗅觉找到垃圾，并且花很长时间在里面精心挑选"夜宵""点心"。不要在你关着的门后存放垃圾！买一个昂贵的带比较牢固的盖子的垃圾桶，可以增加狗狗发现的难度。但也不会一直行得通，狗狗在干坏事时总是显得比你想象的要聪明。

避免狗狗翻垃圾的训练法

　　让狗狗远离垃圾的有效方法是让垃圾桶变成一个让它不安的地方。宠物店出售弹性载重器——一种像捕鼠器一样的装置，里面有一些较大的短桨，当它们被轻轻摇动时可以发出巨大的爆裂声。你可以把它放在垃圾上面，或者垃圾桶的上面或里面都可以。

　　当你的狗去翻垃圾时，碰到这个东西就会发出爆裂声，它会以为这种声音是垃圾本身发出的，会吓一跳，对垃圾陡生惧意。它以后再做这件事时将三思而后行，尽管这可能只是个小小的教训。

使它们神经紧张

狗狗不喜欢响亮的、嘈杂的声音。你可以充分利用它们的这种反感心理使它们远离你的柜子和垃圾桶。

你可以在热狗的中心栓一根细绳，在另一头系上六七个空的罐子。当你的狗带着这个热狗跑时，它觉得好像到了世界末日：居然会有这么可怕的声音。这样的嘈杂声肯定会吓坏它的。在这些空罐子里放一些硬币可以使嘈杂声听起来更恐怖。这个方法适用于那些常自作聪明以为在没人时就可以掠取食物的狡猾狗狗。

速成法

去捉弄偷食的狗的另一个快速有效的方法是把一些食物碎片与辣椒酱或者新鲜红辣椒混合在一起，你可以把这些食物放在柜面上、垃圾桶里，或者你的狗经常搜索食物的其他地方。这种额外的热辣感不会伤害它，但是会刺激它的味蕾。有些狗会马上认为人类的食物太辣了而不适合它们的口味，从此停止偷食。

欢迎还是恐吓？
狗狗爱扑陌生人

狗狗扑陌生人在生活中是一个非常普遍的现象，为这是狗狗的天性使然。

家里来了狗狗不熟悉的陌生人，狗狗往往会大声咆哮或者吠叫，这会让客人觉得危险，甚至害怕得不敢进屋。面对这种场面，狗主人难免会感到尴尬，但他必须为狗狗的行为负责任。

如果狗狗在公共场合不受控制，对他人造成了伤害，狗主人就不得不面对赔偿等一系列的麻烦。这种行为的产生通常是因为狗狗不认识或者不熟悉某人而引起的恐惧造成的。

避免狗狗乱扑人的训练法

第一步

找一个狗狗不认识的人帮忙进行强化训练。

第二步

给狗狗戴上项圈及牵引绳，当它下一次扑向来人时，立即拉紧牵引绳，让狗狗感觉到牵引绳不舒服，并阻止狗狗扑人的动作。注意要掌握好拉牵引绳的力度，否则会伤到狗狗。

第三步

当狗狗不再扑客人的时候，请稳住它的身体，同时表扬它，接着用另一只手按住它的屁股，让它坐下来。

完成

可以让客人伸出手让狗狗闻闻，当然，手中要是有狗狗喜欢吃的食物更好。这种办法能让狗狗对客人建立起信心，使狗狗真心地信任他们。这种情况下，主人一定要在身边，并且在口头上要表扬它。

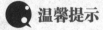 温馨提示

（1）请不要同时教狗狗几个不同的动作。

（2）请不要害怕让狗狗在它曾经扑过人或者从来没有去过的地方练习。

（3）刚开始时，最好选择一个狗狗容易集中精神的地方进行训练，然后再在不同的地方进行训练。

夜里不睡觉，抓挠地板的"熬夜狗"

　　狗狗是一种爱睡觉的动物，大多数的狗在晚上主人一关上灯就能安静地上床睡觉。所以如果它们在晚上引起混乱也是令人惊奇的事情，这只能说明有特殊情况发生了。

　　狗通常是很少得失眠症的，所以当它们失眠时，通常是因为它们感到不舒服，或者它们不得不去外面小便。有些狗比其他狗需要的睡眠时间少，这就意味着它们会把夜晚的一些时间用来寻找事情做，有些狗会觉得这是它们作为安全警卫的职责，所以会不时地在屋里踱步。还有一些狗在白天聚集了太多的能量以至于在晚上不能马上入睡。

　　狗狗夜里不睡觉，它们在家里硬木地板上抓挠的声音扰得主人睡不着觉。这里有一些小技巧可以让狗狗的就寝时间就像你希望的那样。

让狗狗按时就寝的训练法

1　使它们的脚走累

　　现代的狗有一种与它们的祖先完全不同的生活方式。它们百分之八十的时间是独自度过的，而且是在睡觉中度过的。白天一直在睡觉的狗晚上就不需要太多时间睡了。更重要的是，狗已经完全进化成活跃的动物。那些白天一直在睡觉的狗积累了太多的能量，让这些能量燃烧完的唯一方法就是让它们运动，而且越多越好。

　　几乎每只狗都需要至少每天两次、每次20分钟的运动时间，早晚各一次。一些精力非常充沛的品种，例如拉布拉多猎犬和柯利牧羊犬，也许一天需要2～3次的运动，尤其是在它们年轻时。

　　狗有运动的本能，扔一个球或者一条生牛皮鞭、一根棒子，或者任何狗喜欢玩耍的东西在院子里，半个小时将燃烧掉它大部分能量。散步是很好的运动，跑步就更好了——这不仅仅因为它能帮助燃烧掉热量，而且还能接触外界的风景和声音。精神刺激加上体能锻炼会让狗狗睡得更熟。

2 教它们独自玩耍

猫已经进化成独立的动物，可以自娱自乐，可狗却进化成了彼此联系紧密的群体动物，就像我们说的——它们总是一伙一伙的。狗在群体中任何事情都是一起做的。然而我们的宠物狗不再生活在群体中，这个转变也许它们还不能马上适应，所以除非有人在外面陪着它们玩，要不然它们一定就在门后睡觉直到你走到外面。郊区的狗因为生活在广阔的空间，也有很多伴，所以比起在单身公寓里的它们的"亲戚"要乖得多。

3 给它提供一张理想的床

狗喜欢舒适的地方。当它们没有一个柔软的、专门的地方去睡觉时，总是会左顾右盼直到找到为止。它们的踱步和抱怨也会使你很难入睡。由于狗的稠密皮毛和野性，它们在人类觉得不舒服的地方也能找到舒适感。一块地毯已经比它们的祖先所拥有的任何东西都好了，但这并不是最理想的。因为狗的本性总是使它们想在柔软的地方挖一个洞，做成它们温暖而舒适的窝。宠物店出售各种各样质地的床，包括狗喜欢的填满芳香的柏片床。

当然，你不一定要花费太多钱，一个厚的羊毛毯，把它叠成方形，放在一个纸板箱里面也能做成一张很好的狗床。睡得舒适的狗通常很少起来乱跑。

4 用你的气味包围它

就像人在自己的床上或者抱着自己喜欢的枕头时会睡得很好一样，狗在熟悉的气味中也会睡得更好。对于狗来说，没有比闻到它主人的味道更舒服的了。

在决定把你的羊毛毯给你的爱犬之前，自己先睡上一晚，你留在上面的气味会使你的狗单独睡时也会感到你在它身边，于是很舒服地入睡。

5 营造一个睡窝

狗通常对小的、相对封闭的地方比较感兴趣，如靠近扶手的睡椅的一角，或者一个墙角。在你的狗睡的房间里，营造一个相对封闭的空间，这样就能让狗狗得到一个温暖舒适的窝了。

狗狗激动时
会漏尿

　　狗狗的漏尿现象往往发生在主人回家时，狗狗因为过度兴奋或过度服从而漏尿。由于幼犬控制膀胱的神经肌肉并不是很发达，因此兴奋的时候就会出现漏尿的现象。

　　这种漏尿现象一般发生在幼犬身上，只要饲主对狗狗施行一些有效的行为教育，让狗狗不要过度兴奋，就可以改善漏尿现象。

　　在实施行为训练之前，饲主首先要正确认识到自己和狗狗之间的关系。在正确的人狗从属关系上施行有效的行为教育，狗狗才不至于出现过度兴奋而漏尿的现象。

狗狗和饲主之间不是"服从"关系

若饲主和狗狗之间的互动是建立在服从与支配的关系上，就会很容易看到这种狗狗向饲主过度展现服从的漏尿现象。饲主和狗狗之间所需要的，应该是彼此共同生活的信赖关系。

若饲主能够根据科学理论给予狗狗适当的行为教育，并和狗狗之间建立信赖关系，狗狗就不需要向饲主展现这种服从关系，自然而然也就不会出现漏尿问题了。

让狗狗知道什么是适当的行为

以饲主回家为例。若饲主没有教导狗狗适当的行为，狗狗就会依照本能，以狂吠、飞扑、东奔西跑、跳来跳去等非常兴奋的态度来迎接饲主。但狗狗若是知道在饲主回家的时候只要在饲主面前坐下就可以得到奖励的时候，它们就不会出现前面那些过度兴奋的行为。

通过游戏控制狗狗的兴奋程度

在日常生活中经常和狗狗重复进行"游戏开始—狗狗兴奋—冷静下来—游戏再度开始"的游戏流程，饲主就能控制狗狗的兴奋程度，防止狗狗因过度兴奋而漏尿。

狗狗害怕笼子

　　"笼内训练"最大的重点就是不能让狗狗害怕笼子，所以，一开始对狗狗做"笼内训练"的时候，要让狗狗感觉笼子是可以保护它、给它安全的天堂，而不是一个惩罚它的地狱，然后让狗狗慢慢地习惯"笼内训练"。

| 第一步 | 　　在执行笼内训练时，不能使用强硬激烈的方法将狗狗硬拉进笼子里，强拉硬拽只会让狗狗更排斥进笼子。在狗狗的用餐时间进行"笼内训练"是最有效的方法。 |

| 第二步 | 　　狗主人可将狗狗爱吃的零食或玩具放在笼子里，诱导狗狗进笼子，也可以抱着狗狗进笼子，让它更有安全感而喜欢进笼子，千万不要强迫狗狗进入笼子。 |

| 第三步 | 　　让狗狗在笼前先等一下，让狗狗期待进笼子的感觉。 |

| 第四步 | 　　刚开始训练时先不要关笼门，待狗狗习惯笼子后再把笼门关上。 |

| 完成 | 　　当狗狗进入笼子之后，狗主人也别忘了给予狗狗安抚鼓励，这样狗狗会更乐意乖乖地进笼子。笼内训练完之后，即使不关笼子，狗狗也会非常习惯待在笼内。 |

路边乱捡东西吃
的"傻狗狗"

小狗西西在散步时总是不知不觉地捡东西吃，而且都是一些像腐败了的枯叶或石堆等令人伤脑筋的东西。为了不让西西乱吃，主人在散步时也是低着头走路。不过若西西先发现"猎物"，就会抢夺先机。虽然拼命想要让它把嘴里的东西吐出来，但有时它干脆把它们吞了，主人困扰地说："低着头走路的散步好累。"

尽量让狗狗有探索行为

在这个例子中，首先要调整狗狗的情绪，散步的目的不只有"运动"，对狗狗来说也是必要的"探索行为"。无法停止乱捡东西吃的狗狗，并不一定是散步时间长短的问题，很有可能是"探索行为"不充分的原因。

可以在房间内把点心藏起来，将食物放入舒压球里来与狗狗进行探索行为的游戏，好奇心旺盛的狗狗也非常喜欢学习新事物的训练。光是这样，狗狗在散步中乱捡东西吃的次数就会迅速减少。

教导狗狗"不要动它"的指令

在行为教育时，"坐下""趴下"的指令常常被用到，而"不要动它"的指令却常常被忽略。如果狗狗读懂了这个指令，在避开不可以吃的东西或危险物品时是非常便利的。当主人说"不要动它"（不可以触碰的东西），狗狗就会迅速离开。

乱吃东西会借由反复行为而被强化，练习把吞进嘴里的东西弄出来也不是件有建设性的事。基本上，不要对掉落在路上的东西有所反应是很重要的。

以小狗西西举例，散步时，特意带它走布满叶子和石堆的"陷阱路线"。西西虽有察觉，但利用练习过的"不要动它"的指令就能立即离开。那个瞬间，饲主会把点心给西西当成奖赏，并大大赞扬它，结果当然大为成功。

借由训练牵绳控制

当狗狗想乱捡东西吃时，除了下达"不要动它"的口令以外，为了以防万一，还可以借助训练牵绳来控制。之后在散步时也不要给狗狗乱捡东西吃的机会，那么这种行为自然消失不见。这样不仅让狗狗了解了散步的真正意义，饲主也不用再辛苦地低着头走路。

不要让狗狗乱捡东西吃的技巧，就是自始至终都不要给它捡东西吃的经验，但万一已经有了经验，可以先教狗狗把嘴里的东西吐出来的"放开"这个指令。

看到吸尘器就想
逃走躲起来的狗狗

狗狗很容易对会动且会发出声音的物体感到惧怕，而吸尘器可说是最具代表性的物体，发出"呜呜呜"声音的吸尘器，在狗狗眼中就是一个不明所以发出怪声的危险生物。不光是吸尘器，似乎家里所有会移动和发出声音的物体都被狗狗视为"危险对象"。那么，狗狗为什么会害怕吸尘器等移动物体呢？

自我保护的天性行为

对狗狗而言，发出声音而且还会移动的物体很像某种会袭击自己的生物，尤其是当它们看到吸尘器将地上的灰尘、纸屑等东西吸入机器内消失不见，狗狗会联想到："这个生物会吃东西，说不定连我也会吃掉！"

让狗狗习惯它惧怕的物体

首先，要先让狗狗习惯吸尘器发出的声音，并且习惯这个发出声音的物体。饲主可在静止的吸尘器旁边撒上一些食物，狗狗一开始可能还是会害怕，但等它靠近吸尘器嗅闻一番后，就会明白这个物体并没有危险性，因而也变得放心。

让狗狗习惯从静止到会发出声音的物体

当狗狗不再害怕静止状态的吸尘器后，饲主可以一手拿着吸尘器（开关仍未打开）的手柄，一手拿着食物喂给狗狗吃。若狗狗习惯了这种状态，饲主再打开吸尘器的开关，让吸尘器开始发出声音并工作。当狗狗对这种状态下的吸尘器也不觉得紧张后，再关掉吸尘器，然后重复之前的流程。

一看到吸尘器就过度激动的狗狗

有些狗狗一看到吸尘器就极度兴奋，绕着吸尘器大声吠叫，让饲主非常困扰。对于这种情况，饲主可以在吸尘器工作时，让狗狗进到狗笼里面，并在笼外盖上一层遮挡视线的布，不要让狗狗看到吸尘器运转。这种方法也可以应用在对吸尘器感到恐惧的狗狗身上。

让狗狗习惯静止状态的吸尘器的训练法

1 在吸尘器旁边放置食物，让狗狗习惯静止状态的吸尘器。

2 一开始先将吸尘器的声音录下来播放给狗狗听，让它习惯吸尘器的声音，接着再关掉吸尘器，让它习惯静止状态的吸尘器。

让狗狗习惯会动的吸尘器的训练法

1 狗狗习惯静止的吸尘器后，再一边喂给狗狗食物一边移动吸尘器，让狗狗习惯吸尘器的移动。若狗狗都不觉得紧张，那就再增加移动的幅度，直到它习惯吸尘器的移动方式为止。

2 渐渐缩短距离。一开始饲主可以将吸尘器放在距离狗狗房间较远的地方，在狗狗听到声音时喂给食物，接着再将吸尘器慢慢移动到隔壁房间，慢慢缩短与狗狗的距离，同时给狗狗喂食，让狗狗慢慢适应移动的吸尘器。

Part 4

狗狗特训，教出狗绅士狗淑女

经过特定训练的狗狗，能做出符合主人期待的行为，

拿报纸、开冰箱、叼拖鞋等小事也不在话下。

关键是，饲主要**懂得运用科学**有效的训练方法，

运用**奖赏和鼓励**为主的方式去训练狗狗，

狗狗会很聪明地做出**符合你期待的动作哦**。

狗狗特训
十大要诀

训练狗狗不是马上就能看到成效的，要持之以恒。在对狗狗进行特定行为训练前，掌握好狗狗训练的一些要诀和原则，可以帮助我们更科学有效地教导出聪明狗狗。以下为训练狗狗的十大要诀：

- 每天都要对狗狗进行训练，训练的时间可以不长，每天可多次进行。
- 当狗狗表现很出色时，可以给狗狗一些零食作为奖赏。
- 当狗狗能够听懂人类的一些语言时，主人可以口头上赞扬狗狗的表现。
- 训练是渐进的，切忌操之过急。
- 在训练狗狗的时候，可以寓教于乐，让整个过程非常轻松、有趣。
- 在训练口令和手势时，口令和动作一定要符合，手势要清晰、明显。
- 培养狗狗固定的吃饭和上厕所时间，这一点非常关键。
- 开始训练时，为了避免让狗狗分心，可以在家里练习，适应训练之后再带到户外练习。
- 训练时，必须重复不停地训练，以加深狗狗的印象和记忆。
- 训练时，可以搭配些小道具辅助，如棒子或板子，在指引狗狗方向和禁止行为时使用。

一个口令一个动作

当主人说"乖，坐下"，狗狗就很听话地坐下来。这样的人狗互动，是多么值得骄傲的事情！要使狗狗能够听懂主人的话，首先要从最简单的训练开始。

训练狗狗理解主人的口令，最好是在狗狗半岁大之后，不要在狗狗很小的时候对它进行这种口令训练。一旦狗狗理解了这种口令，就会记住一辈子。

最开始时，口令不能复杂，最好是一个单字，不停地重复这个字，狗狗就会理解。可以把很多比较长的短语浓缩成一个单字或者一个词语。开始时一边说"乖"，一边给狗狗吃东西。注意，先说"乖"再给食物的顺序十分重要。在说"乖"和给食物之间，稍稍停顿一下。很快，狗狗对主人说的这个口令就会有反应，而且开始期待主人给它奖品。

也就是说，主人已经成功地建立"乖"这个口令。现在主人可以很快地告诉狗狗：它做对了。重复做大约20次，狗狗就能记住这个口令了。

可以采用奖励和恐吓两种办法，如果狗狗没有做到位，一定不要奖励，否则它永远不明白什么是正确的。恐吓也可以用打的方式，但是下手不要太重，轻轻拍打即可。

有的狗狗一天时间就能学会握手。以后，只要它发现主人生气了，就会主动伸出小爪去讨好主人。

让狗狗理解
手势的训练

　　狗狗跟人类的语言是不通的，在训练狗狗时，如果仅是跟狗狗用人类的口令语言来沟通可能会比较困难。但如果手势和口令并用，可以让狗狗和主人之间的沟通更清晰简单，也会使主人的命令更容易被理解。这种互动一旦达成默契，主人不用说话，只要一个手势就能让狗狗理解主人想做什么。

怎么让狗狗理解这种手势呢？非常简单，就是在训练狗狗时，手势与口令同时发出，并重复做，直到狗狗能够将这种反应刻在脑海中。狗狗能够很清晰地区分主人发出的指令，还要让狗狗能够区分细小指令之间的差别，比如坐下和卧倒的区别。

训练狗狗时，手势要绝对一致，每次发出的口令和要求与狗狗做的事情应该吻合，主人自己首先不能混淆。训练狗狗时，手势要明显，狗狗的视力天生比较弱，这也方便对跑动中的狗狗发出指令。

利用食物训练

主人可以在手上放一块食物，蹲在或站在狗狗面前，将食物放到狗狗的鼻子前面，让狗狗能够闻到食物的香味。然后一手轻放在狗狗的屁股上，准备好后说"乖，坐下"，并同时将放在狗狗屁股上的手往下压，再将食物微微往狗狗的前上方移动，让它有抬头的姿势，狗狗会自然而然地顺势坐下。待狗狗坐下之后，主人应该给狗狗一些奖励或者轻轻抚摸它的身体，同时将小零食喂给狗狗吃。

坐下——
狗狗基本礼仪训练

"千里之行，始于足下"，训练狗狗则始于坐的训练。坐下是狗狗的基本训练动作，也是后面更高难度进阶动作的基础。训练好狗狗"坐下""等待"等基础动作，可帮助建立狗狗对主人的服从性和信赖关系。

第一步

坐是一个很基本的训练，也是对狗狗基础训练的第一步。让狗狗学会坐，可以增加它的自信心，进而增强狗的服从性。方法是：狗主人用手握住牵引带，将狗狗引导至自己的对面，接着发出"坐"的口令，同时用手上提牵引带，迫使狗狗坐下。

第二步

如何训练狗狗长时间坐着呢？首先，让狗狗面对着你坐下，慢慢地离开狗狗一至两步的距离，如果狗狗在你移动过程要站起或活动，就重复对它发出"坐"的口令，使狗在原来位置上重新坐好。训练初期只要求狗狗在10秒钟内不动，如果它能做到，就立即给予狗狗奖励，以后再逐渐延长坐的时间。

在延长狗狗坐的时间的同时也要逐渐延长你与狗狗的距离，采取由近及远、远近交替的方法，直至离狗狗20米以外隐蔽起来，狗狗仍能坐着不动。

第三步

若狗狗可以在安静的环境中顺利完成口令，做出饲主指定的动作，饲主便可试着让狗狗在复杂的环境中接受训练，以锻炼狗狗的抗干扰能力。在条件环境复杂的情况下，狗狗的动作易受外界刺激的影响，因此狗狗按照口令做出坐下的动作时，应马上将手上的点心给它或抚摸它作为奖励。

躺下、卧倒——
狗狗礼仪进阶训练

躺下

　　"躺"是狗狗需要学习的礼仪进阶训练动作，同样，只要利用狗狗对食物的欲望，加上狗主人的肢体引导，狗狗很快就可以学会如何躺下。因为"躺下"的动作与"装死游戏"的动作很相似，所以学会"躺下"之后，可以更进一步，以"砰"（模拟枪声）的口令引导，教狗狗怎么玩"装死游戏"。

第一步

　　让狗狗戴着项圈，命令狗狗在主人左侧卧下。然后狗主人蹲下，并用左手握住狗狗的左前脚。

第二步

　　右手拿着点心，慢慢向外移，狗狗为了吃点心，会把身体慢慢向外移。

完成

　　最后狗狗会呈现出躺下的姿势。狗狗一完成躺下的动作，狗主人就应马上将手中的点心给它，以示鼓励。

卧倒

"卧"是狗狗在学会"坐下"之后可继续学习的训练动作，这也是一种安定信号的表现。

第一步

让狗狗戴着项圈，狗主人发出"坐"的口令，命令狗狗坐下，口令要清晰、有力。

第二步

狗主人走到狗狗的面前并蹲下，接着把食物或点心放在手里，在狗狗的眼前慢慢由上向下移动，直至碰到地面。这时，狗狗为了吃点心，也会跟着趴下。

当狗狗正要趴下的瞬间，狗主人须对狗狗发出"卧"的口令，命令狗狗卧倒。

第三步

切记，要等狗狗完全趴下，做足动作后，才能把点心给它吃，以奖励它做出符合你期待的行为。

第四步

若狗狗没有做出趴下的动作，可试着把牵引绳轻轻向下拉，使它慢慢趴下，但千万不能用力拉，免得伤到狗狗。

完成

若狗狗还是没有趴下，狗主人可将左手绕过它的身体，用手按住狗狗的颈部，再用力慢慢地将狗狗向下按。切记不要太用力，以免伤到狗狗。

坐等待——
训练狗狗的定力

"坐等待"属于"基础的等待",也就是训练狗狗的定力,同时也借此让狗狗知道狗主人才是"老大",它得听从主人发号施令。进行等待动作训练之前,狗狗需要学会一些基本动作,如坐下。然后可以用由近及远、循序渐进的方式,让狗狗学习如何等待。

第一步

开始"等待"训练时,狗主人一定要找一个安静、没有打扰的地方,否则狗狗容易分心。等训练稳定后,可以试着找些环境比较复杂的地方进行巩固训练,保证狗狗在任何环境下都会听从命令。训练方法是:让狗狗戴着项圈,对它发出"坐"的口令,然后对狗狗摆出"停"的手势,让它等待。若它动,就重来;若它不动,就持续给它鼓励,一直到狗狗可以坚持不动2分钟。

第二步

　　当狗狗完成"坐下"的指令后，狗主人要向后退一至两步，重复进行第一步的动作，这样做是为了更好地巩固基础动作。

第三步

　　让狗狗停留在原地等待，然后狗主人开始左右行走，让狗狗的目光跟着狗主人的身体移动。

第四步

　　当狗狗坐在原地不动时，狗主人可以继续移动，让狗狗跟自己的距离越来越远，这期间要一直对狗狗摆出"停"的手势，让它等待。

完成

　　当狗狗在原地持续等待的时间达到狗主人的预期时，狗主人便可回到原地给予它鼓励，让狗狗明白：等待时，主人是可以离开的。

立正站好——
训练狗狗的服从度

　　"立正站好"表示狗狗对主人的要求指令已有某种程度的服从性。这项训练需要狗主人有足够的时间和耐心，站在背后引导狗狗做出新的站立姿势。对于狗狗而言，这是一个从未挑战过的体验。

　　"立正站好"需要狗狗对主人有一定服从性，同时，狗主人动作要温和，循循善诱，否则狗狗会因为紧张而害怕、逃离。因此，当狗狗行为正确的时候，要奖赏好吃的和好玩的来鼓励它；但当狗狗做错时，也要加以矫正，这样狗狗才能明白怎么做才达成主人所要求的动作。

　　下面我们就教教大家如何训练狗狗做好"立正站好"的动作。

第一步

　　绑好狗狗的链子，并让狗狗坐下。在训练初期必须绑链子，因为这样比较容易控制狗狗的行为。

第二步

　　向狗狗发出"立正"的指令，然后抓起狗狗的项圈，让狗狗知道要站起来。

第三步

　　支撑狗狗的背部，给予它安全感。狗狗坐起来后，让它的背部紧贴你的双腿，同时用手扶住狗狗的颈部。

第四步

　　如果狗狗抗拒这样的动作，你可以一手扶着它的颈部，一手拍拍狗狗的胸脯以安抚它的情绪。

第五步

接下来，请你将腿稍微弯曲，只用膝盖顶住狗狗的背部，但还需用手扶住狗狗的颈部，逐步减轻支撑的力量。

第六步

继续站在后方，但要稍微退后一步，并收回扶着狗狗的手，让狗狗靠自己的力量站立。

第七步

站到狗狗的右侧，左手牵着狗狗的绳子，右手摆出一个握拳的姿势，并用你的脚轻轻点一下狗狗的右脚，引导它自动站立。

完成

等狗狗可以自己挺腰站起后，立即给予奖赏。最后的训练就是解开狗狗的绳子，并尽量延长狗狗的站立时间。完成动作训练后，即使解开绳子，狗狗依然可以挺直腰杆，漂亮地摆出立正姿势。

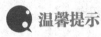 温馨提示

"立正站好"这个动作容易造成狗狗的腰椎伤害，因此不要让狗狗立正或持续立正太久。

会握手
的狗狗真可爱

会握手的狗狗肯定会让陌生人觉得很可爱，狗狗得到他人的喜爱，主人也会非常开心。要让狗狗学会握手，其实非常简单。主人只要用心、耐心，狗狗一定会在很短的时间内学会握手。

第一步

主人可以坐在一张沙发上，然后让狗狗站立在双腿之间，让狗狗的前脚掌双脚离地。

- -

第二步

主人拿着一块食物说："乖，握手！"然后伸出自己的左手去握狗狗的"右手"，然后喂食给狗狗。

每天都可以和狗狗练习这个动作，一天可以做 20～30 次，以加深狗狗的印象。相信你的狗狗会很快学会握手动作的。

教狗狗 "Bye-Bye"

会送主人出门的狗狗，多么惹人怜爱！主人出门前，总有只可爱的狗狗在主人的脚边，慢慢地尾随着主人，当主人到了门口，向它伸出一只手，左右摇一摇，说"宝贝，Bye-Bye"，狗狗就立刻双脚站立，伸出一只小爪子，向主人挥一挥。这是多么温馨的画面！

主人可以很容易地训练狗做"Bye-Bye"的动作。拿一块小零食，放到手中，不要让狗狗用嘴巴吃，而是将狗狗的前脚掌抬离地面，让狗狗用一只前脚掌来触摸主人手中的零食。这样可以让狗狗习惯双脚离地，且一只前脚掌伸出来的姿势。长时间训练以后，狗狗就会做这个"Bye-Bye"的动作了。

开始的时候，哪怕只能站起1秒钟也没关系，以后会越站越久。狗狗刚开始站立时，不要马上给它小点心，先看看它能不能站得更久一点。身子拉得越长，表示它的稳定性越高。为了维持平衡，自然就会开始做出"Bye-Bye"的预备动作。

狗狗
的"装死"游戏

　　首先使狗狗侧面躺在地上，发出"装死"的口令，辅以手势，还要强迫它闭上眼睛，训练时适当给予奖励。条件反射形成后，取消奖励，只需"装死"口令和手势，狗狗即可完成动作。

　　狗狗是可塑性非常强的动物，科学合理的训练可以使它们成为备受欢迎的家庭成员。成功训练狗狗的关键，在于狗狗与主人之间深厚的感情和理解能力，而不应该也不可能完全依靠简单的打骂惩罚和食物奖赏来实现。

 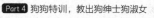

戴项圈
的狗狗好神气

　　出门遛狗狗时，为狗狗佩戴项圈出于两方面的考虑：一是束缚狗狗，以免狗狗失去控制攻击其他的宠物或者行人；二是保护狗狗安全，以免狗狗走丢或者失去控制。

　　狗狗天生排斥束缚它们身体的工具，为了让狗狗适应项圈，最好在狗狗还小的时候就佩戴，让它从小就习惯。项圈佩戴要适度，不能太松，也不能太紧。太松可能会导致狗狗挣脱项圈；而项圈太紧，狗狗又会感到不舒服。只要佩戴项圈时没有被强烈束缚的感觉，狗狗通常就不会排斥。

　　要给狗狗一个暗示，佩戴项圈后，狗狗就能比较自由地随主人出门散步或者购物，能够到外面尽情地跑跑跳跳，这样它们肯定会非常乐意地戴上项圈。

让狗狗学会"亦步亦趋"

狗狗出门后的乱冲行为让许多狗主人感到头疼，因此，训练狗狗学会与主人相随而行、在外不横冲直撞，很有必要。其实，没有教不会的狗狗，也没有坏狗狗，只有固执的狗狗。只要狗主人有足够的耐心和热情，加上科学有序的训练方式，狗狗就会明白：跟随在主人身边会让主人高兴，并且能得到奖赏。如此一来，就算没有狗绳牵着，狗狗也会乐意待在主人身侧。

第一步

有时候，我们经常看到这样滑稽的画面：有些人想带着狗狗散步，到了外面却变成了狗拖着主人散步，这种散步方式可笑又可气。如果你教会了狗狗随行，那么你的遛狗时光将变得从容而优雅。先想想习惯让狗狗站在哪一侧，建议你让它走右边，因为马路是右侧随行，走在右边更安全。当然，如果你遛狗的地方足够安全，也可以选择自己习惯的一侧。训练的方法是：狗狗有可能因为看到别的狗狗而想马上往前冲，此时应马上拉紧牵引绳，让狗狗停下来。

第二步

当狗狗停下来时，你也停下来，叫它的名字引起它的注意，并给它闻闻手里的零食，然后开始慢慢向前走。

第三步

如果狗狗又一次超过你的步伐或是东拉西跑，这时你就需要让狗狗先坐下来，等狗狗稳定后，拍拍自己的胸脯，让狗狗跟着你走。

完成

等到狗狗能够很自然地走在你的脚旁边时，你可以尝试着放开牵引绳同它一起散步。记住，要好好鼓励它，拍拍它并跟它说话。

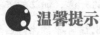

温馨提示

（1）带狗狗出门前要先戴上P字链，另外还要准备一些狗狗喜欢的玩具或点心。

（2）如果狗狗又再次向前冲，你就不停地重复第二步到最后一步的训练。无论如何，狗狗只要一离开脚链，就要拉紧P字链。

让狗狗
学会捡玩具球

这是跟狗狗玩游戏最简单的一个方式。供狗狗玩耍的玩具球，大多数都可以供狗狗磨牙，且在玩耍的时候会有声音，能够吸引狗狗的注意力。主人和狗狗玩这个游戏的时候，最好是在户外。让狗狗站在自己身边，拿着球，在狗狗面前摇摇手中的球，球中的铃铛就会发出声响，吸引狗狗的注意力。然后将球往外扔，刚开始练习的时候不要将球扔得太远，以免狗狗不好控制，捡不到球。狗狗会随着扔出去的球跑出去，这个时候主人就可以站在狗狗的身后，对狗说："乖！捡回来。"狗狗捡到球后可能会在原地玩球，完全忘记要将球衔回来。这个时候，主人就可以以一些小零食为勾引工具，将狗狗吸引回来。

打造接飞盘的
狗狗高手

　　并不是所有的狗狗都适合接飞盘的训练，由于体型的原因，很多狗狗例如腊肠犬，是不适合玩飞盘的。对于那些6个月以下的未成年幼犬，还是让它们快乐地享受童年时光比较好，过早开始训练很可能使发育期的幼犬太过疲劳，甚至受伤；而对于一些年龄过大的狗狗，剧烈的运动也不合适。同时主人还必须了解，由于狗狗的身材原因，狗狗需要的飞碟大小也不一样。嘴巴比较扁平、偏大的狗狗，可以用相对较大的飞盘；而嘴巴偏小的狗狗，则应该用比较小的飞盘。同时，有的狗狗喜欢安静的生活，所以不是很喜欢这种竞技强度很大的活动，最好不要逼迫狗狗玩耍。

解决狗狗
狂吠问题

  狗狗会用狂吠和咬人的方式来保护自己。如果不是被训练为守卫犬，主人最好帮助狗狗改掉这种坏习惯。但是成年狗的性格不是一朝一夕就能改变的，要解决这个问题，可以采用以下方法：

  如果狗狗不是用来看门的，那就不要把狗狗拴在门口，可以将狗狗关在院子里或者房子里，这样可以预防突发事件，防止发生狗狗咬人的状况。

  一定要将性格暴烈的狗狗用项圈或者牵引工具锁起来，不要让狗狗随意单独行动。当狗狗狂吠的时候，主人如果就在旁边，应该立即制止。

  带狗狗外出时，可以为它戴上专门的犬用口罩，训练它不随意吠叫。

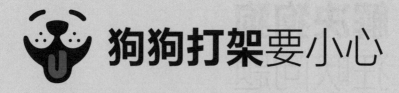

狗狗打架要小心

　　狗狗有争强斗胜的天性，一旦狗狗没有被束缚或者挣脱了主人的牵引绳，两只狗狗很容易纠缠扭打在一起。在这种情况下，主人千万不要靠近它们，因为当主人站在狗狗身边的时候，狗狗会潜意识地以为这是主人对自己行为的一种鼓励，会打得更加疯狂、猛烈。当狗狗扭打在一起后，主人可以利用身边的物品把它们分开：如果身旁有水，也可以拿水浇它们，使它们受到惊吓而分开；或是主人大声呵斥，利用声音分散它们的注意力，再把它们分别带离。

狗狗进食礼仪
有讲究

训练狗狗学习好的用餐礼仪有三大重要意义：

第一，学习服从，狗狗因为服从，即使爱吃也会懂得节制。

第二，家里有两只以上狗狗时，学习用餐礼仪可以让狗狗不去觊觎其他狗狗碗中的食物。

第三，用餐礼仪是一种游戏，可以让狗狗知道，即使是天天都要吃的狗粮，也要懂得珍惜。

第一步

食物在训练的过程中扮演着极为重要的角色。狗狗要被食物大大地吸引，却也要大大地忍耐。这时，不吸引它的食物便无法加速它学习的进程。所以，你需要准备它最爱吃的点心。当狗狗能克制住食欲，忍住不吃，那就是训练将要成功的时候。

第二步

让狗狗乖乖坐下，将食物放在狗狗面前或让它闻一闻食物的香味，以吸引狗狗的注意力，然后将食物高举在狗狗的头顶上方，同时要求狗狗坐下。这时，狗狗通常都会目不转睛地看着食物，生怕食物会突然消失。

| 第三步 | 将食物缓缓地放在离狗狗一步远的距离。如果狗狗冲向前要吃掉食物，就将食物拿开不让它吃，让它知道，要是一直不听口令，就永远吃不到东西。 |

| 完成 | 加强"开饭"口令的印象。如果狗狗乖乖坐下，且没有马上吃掉放在它面前的食物，那么，只要让它再等10秒，就可发出"开饭"的口令，同时将食物推向狗狗。 |

狗狗吃完饭后，要立即给予鼓励。注意，狗狗的耐心是有限的，刚开始训练时不要让狗狗等太久，以免让它失去等待的动力，而无法落实训练。

 温馨提示

（1）刚开始训练时，狗狗不见得会马上乖乖坐下，可能会站起来想要扑食点心。这是可以矫正的，狗主人要坚持除非它稳定坐下，否则绝不给食。

（2）花上一个星期，每天10分钟，用10个小饼干就可以训练狗狗10遍服从训练、忍耐力及用餐礼仪，而且每天喂食时都可以同样的方式教导。这样狗狗便不容易忘记，也能很快学会。

猫狗一家，其乐融融

　　如果想同时拥有猫咪和狗狗，让它们成为好伙伴，就要根据它们各自的特性、性格和年龄，做适当的引导。

　　猫咪是比较灵敏、纤细的小动物，敏感胆小，不像狗狗喜欢群居，自尊心也强，爱吃醋，所以主人不要在猫咪的面前过度疼爱狗狗，以免让猫咪觉得狗狗抢了它的地盘和地位。

　　为了让狗狗和猫咪能和睦相处，也可以让一只狗妈妈带着猫咪长大，或者让猫妈妈带着狗宝宝成长。这样，就不会让狗狗、猫咪之间产生矛盾，同时还能培养出它们之间的感情。

将狗狗与猫咪隔离

　　狗的地盘意识非常强，通常不喜欢有新的动物入侵自己的领地，不论是自己的同类还是猫咪，狗都会排斥，它们担心这里不再是自己独有的地盘，并且会使自己在主人面前"失宠"。

　　因此，在猫咪跟狗狗相处得不是很愉快时，主人可以将狗狗和猫咪隔离，免得狗狗攻击猫咪。如果狗狗真的不喜欢跟猫咪共处，而主人又舍不得将任何一只送走，那就只能给猫咪找个退路，当狗狗把猫咪追得无路可去的时候，让猫咪有个栖身之处，比如主人要准备一个只有猫咪能钻进去的笼子或者小通道。这样，猫咪在疲于应付狗狗的时候，总能找个地方歇息。

不追咬其他动物

　　追捕猎食是狗狗的天性，几千年以来，狗狗通过追逐和捕猎其他动物而存活下来。虽然经过人类漫长的选育驯化，狗狗的这种追咬本性已经逐渐弱化，但个别品种仍然保留了这种禀性。但是在现代社会，为了社会环境和狗狗自身安全考虑，教会狗狗适应现代社会生存环境，饲主责无旁贷。

第一步

　　如果你的狗狗没有与其他动物一起生活过的经验，那么建议你最好给狗狗戴上牵引绳，这样在它与其他动物遇到的时候，如果狗狗突然乱跑追逐，你可以牵拉牵引绳，以免发生咬伤事件。

第二步

　　这项练习的目的是将狗狗的追逐本能转变成可控制的运动。你可以用不同的玩具做实验，找出哪个玩具是狗狗最喜欢的，然后用玩具逗弄狗狗。

第三步

　　训练地点应该选择一个安静的地方，这样不易分散狗狗的注意力，最好是在户外。用长绳控制狗狗，把它喜欢的玩具抛出去，但是要把它喜欢的另一个玩具放在你身边。看见抛出去的玩具，狗狗会本能地追赶上去。

第四步

　　在狗狗触碰到玩具之前，呼喊它的名字，命令它"过来"。召回狗狗时，动作要夸张一些，可以挥动你身边的玩具引诱它返回。狗狗回来后，你需要和狗狗一起游戏，并奖励它。

| 第五步 | 将之前抛出去的玩具用牵引绳拖回来，这样狗狗就会知道它所追逐的玩具是属于你的。之后，你可以在更具有刺激性的环境中重复第三步到此步骤的训练。 |

| 完成 | 当狗狗经过训练不再去追逐你选择的物体时，你可以让狗狗在有其他宠物在场的情况下进行寻回训练。把玩具扔向与其他动物相反的方向，并且鼓励狗狗把它取回来。这样，你就可以通过寻回训练游戏很快地控制住狗狗的追逐本能。 |

陪孩子们玩游戏

狗狗们每天都需要一定时间活动和玩耍，如果家里有小孩陪伴狗狗一起玩耍，两个活泼好玩的伙伴会过得更开心。看到他们玩累了相依而眠的画面，你会知道什么是幸福的生活。

第一步

当孩子与狗狗玩抛玩具寻回游戏时，最好有成年人陪伴在旁，教会狗狗收到命令后才可以行动。当狗狗确实学会后，再让孩子们参与游戏。

第二步

在孩子能够理解如何和狗狗游戏，并且能够控制狗狗之前，孩子与狗狗的游戏要在成年人的监督下进行。

第三步

当孩子拿着玩具时，可以用食物奖励狗狗。通过玩游戏，狗狗会了解到在它生活的人类群体中，孩子也是其中一员，同时狗狗也会意识到，和孩子一起玩很有趣。

完成

狗狗必须知道所有的玩具都是属于主人的，即使主人是小孩子。在游戏结束后，孩子应该让狗狗完全看到他把玩具放回玩具筐里的过程，这样做可以强化孩子在狗狗眼中的地位。

温馨提示

（1）第一次的好印象很重要！让第一次见到狗狗的孩子坐在地上，给小狗一些零食，让小狗闻闻孩子的小手，认识一下这个小主人。相互认识后，教导他们如何用玩具玩耍，让孩子学会温和对待狗狗。如果狗狗玩疯了，要立刻让孩子离开，结束游戏。

（2）如果想让你的狗狗对人类有兴趣，人见人爱，就需要它与人相处的时间多于它与其他狗狗相处的时间3倍以上。比如，它和其他狗狗玩5分钟，那主人就需要与它玩至少15分钟。

空中接食，
训练狗狗的跳跃力

空中接食也就是狗狗跳起，腾空接住空中的物体，一般都用飞盘和球之类的玩具。这项运动能够锻炼狗狗的判断力和准确度，以及它的腿部肌肉、全身协调性，坚持用这样的方式给狗狗喂食，会大大提高狗狗的跳跃能力。

第一步

撕下一块小面包，将狗狗唤到跟前，在它看着你和手里面包的时候，喊"注意"，停几秒，再喊"接"。

<table>
<tr><td>

第二步

</td><td>

将面包朝狗狗头上大概10厘米的位置扔出去，因为面包比较轻，落下的速度会比较慢，在空中呈抛物线落地之前，给狗狗留出了反应和做出动作的时间。如果狗狗没有接住，面包掉到了地上，就阻止狗狗吃，并将面包捡起来，再次呈抛物线扔出去。这一动作是在明确地告诉狗狗：只有接住了，才有得吃！

</td></tr>
</table>

- -

<table>
<tr><td>

第三步

</td><td>

开始训练的时候，抛物线的高度不高，狗狗只需前腿离地就可以接住；如果狗狗可以接住面包，那就把面包再弄小一点儿；如果狗狗能很熟练地接住，那就把面包揉成圆形。这样可以让物体的移动速度越来越快，从而提高狗狗的判断力和速度。

</td></tr>
</table>

- -

<table>
<tr><td>

完成

</td><td>

如果狗狗能接住越来越大的物体，那你就需要将物体再抛高一点，引导狗狗的后腿也离地。这时，你不需要直接往狗狗头上抛，可以先在狗狗头部的左边抛一下，再在狗狗头部的右边抛下，这些都能引导狗狗的后腿离地。

</td></tr>
</table>

温馨提示

（1）在抛东西之前发出"注意"的口令，可以提高狗狗的注意力。

（2）不能让狗狗吃掉到地上的食物，这不仅是为了提高它跳跃的积极性，也是为了避免它养成捡地上食物的坏习惯。

（3）开始训练时，次数不要太多，因为这个动作会消耗狗狗很多体力。开始时每天10次左右就可以了，以后再慢慢增加。一旦发觉狗狗不乐意跳，就马上停止训练。

（4）当狗狗做完动作，应该马上给予小点心或者摸摸它的头以示鼓励。

衔取物品，
主人的小帮手

狗狗不是天生就会服侍人的，但它可以为了食物而去学习许多新技能。"叼东西"是一个简单的动作，很多狗狗都会，但是要让它们依照主人的指令叼起特定物品放到指定位置，可就不是简单的事了。

狗狗的学习和模仿能力很强，只要经过专门特定的训练，让狗狗学会帮主人开冰箱、取报纸、取拖鞋等事也是不难的。

下面就教教大家如何让狗狗帮忙衔取物品这一技能。

第一步　　首先，要让狗狗习惯嘴巴里一直有个东西，挑选一个重量和大小都在狗狗嘴巴可承受范围之内的物品。让狗狗将物品一直含在嘴里，不准它吐出来，尽量延长训练时间，直至没有强迫它含住，它也不会吐出来为止。

第二步　　狗主人要在此时设定一个口令，如"小球"，让狗狗知道它含住的东西是什么。另外还要训练狗狗服从命令，当它咬东西累了或受到其他东西的吸引，想要将物品吐出来时，主人要说"不行"或"NO"，让狗狗知道，没有主人的命令，不准吐出来。

第三步　　当狗狗习惯含着嘴巴里的物品后，确认它是否愿意叼着物品与主人随行，这是在检验狗狗服从训练的成效。

| 第四步 |

狗狗习惯叼着物品随行后，就可以训练它辨别你希望它叼起的物品了。先让它建立物品与名称的关联性，例如你说"报纸"时，狗狗就会去寻找报纸的位置，将报纸放在地上，直到狗狗愿意将报纸主动叼起来，这一训练步骤才算完成。

| 第五步 |

当狗狗明白了物品与名称的关联性之后，它就会叼起该对象。接下来的训练是鼓励它"主动搜寻"该对象，即使那个物品不在它面前。只要主人发出口令，它就会主动去嗅闻、寻找，直到找到并叼来给你为止。

| 完成 |

以上几个步骤之间要尽量按照顺序进行训练，而且每个阶段都要多重复几次，让狗狗逐渐习惯你的口令。记住，每当狗狗做对一次，你都要立即给予鼓励。

温馨提示

（1）当狗狗理解物品的名称后，在没有丢出任何东西的情况下，你只需要发出如"手机呢"或"报纸呢"等疑问句，狗狗就知道要去把它找出来叼给你。当狗狗把物品叼回来给你时，记得给它一块小点心奖励一下。

（2）如果狗狗可以迅速认出指定物品，那就增加一些它原本不是那么喜欢叼的东西。先让它了解那件物品的名称，例如将电视遥控器拿到它面前，跟它说"遥控器呢"，或藏到背后，再说"遥控器呢"。你也可以试着将东西放远之后，要求它叼过来。等它可以成功完成任务之后，再给它新的任务。

狗狗主人分床睡

　　狗狗是非常黏人、贴心的宠物，它习惯随时随地紧贴着自己的主人。当主人躺在沙发或者床上休息时，它们也喜欢跳上去，趴在主人身边。很多主人都有和狗狗一起睡觉的经历，这种习惯一旦形成就很难改变。

　　狗狗爬到沙发或床上，其实非常不卫生，会将狗毛带到床或沙发上。其次，狗身上有时还会有一些寄生虫或跳蚤，如果狗狗和人一起睡觉，非常容易传染给人。因此，一定要杜绝狗狗往床或沙发上跑，主人也要让狗狗喜欢上它自己的床。

　　任何时候，当狗狗想跳上沙发或者床时，主人都要阻止，不要让它们把沙发或床当成自己的窝。当狗狗想睡觉时，要马上将它放到它的狗床上。狗狗若反抗，可以给它一根骨头，让它在狗床上啃。如此训练数次以后，狗狗就会很温顺地待在自己的狗床上，慢慢习惯待在自己的床上休息和睡觉。还可以买一个狗笼子，里面放个小垫子，晚上睡觉时把笼子门关上，这是比较简便的方法。这样狗狗每天晚上睡得很安稳，就像有自己的空间，同时还能保持房间卫生。记住，要在狗笼子中放点水，狗狗睡觉时有醒来喝水的习惯。

让狗狗不再惧怕
洗澡和吹毛

有些护理工作，可以交给专业人员去做

除了每天非做不可的例行照顾之外，有些可能引起狗狗排斥又不用经常去做的事情，可以交给专业人员来做。

例如剪趾甲。有些饲主挑战了帮狗狗剪趾甲这项艰难的任务之后，狗狗不是不再愿意让饲主碰它们的脚掌，就是连擦脚都不给饲主擦了。这是因为剪趾甲破坏了饲主和狗狗的信赖关系。狗狗的趾甲一般是 3 ~ 4 个月才需要修剪一次，其实可以交给兽医师或者狗狗美容师来完成。

洗澡前先让狗狗习惯洗澡的地方

狗狗不需要像人类一样频繁地洗澡，因为狗狗的肤质不允许。若要彻底将狗狗的身体洗干净，一般每间隔 3 ~ 4 个星期洗一次澡就可以了，这可以交给专业人员护理。但是像狗狗因为下痢而弄脏肛门周围毛发的清洁工作，就需要依靠饲主每天帮狗狗清洗了。饲主平时在家也要清洗狗狗肛门周围、腹部、脚掌等部位。

首先让狗狗习惯洗澡的地方。饲主可以在浴室内用食物安抚狗狗，待情绪稳定后，将莲蓬头的水流打开，注意水流要小。再拿食物给狗狗吃，待狗狗习惯后，饲主以"将莲蓬头打开—给狗狗喂食—冲洗狗狗身体部位—给狗狗喂食"的顺序完成清洗工作。这样狗狗会比较容易接受，饲主也顺利地完成狗狗清洗的任务。

吹毛前先让狗狗习惯吹风机

有些狗狗可能更怕吹毛的动作。可以先让狗狗习惯吹风机，在吹风机周围放一些食物，接着打开吹风机到弱风的位置，这样声音比较小，狗狗不至于害怕，然后饲主可以一边把吹风机拿在手中给狗狗喂食，一边给狗狗吹干毛发。

不要让狗狗撕咬物品

狗狗没事就喜欢撕咬东西，特别是处于成长期的狗宝宝。如果发现狗狗在啃咬物品，必须立即阻止，方法是：

当狗狗在啃咬物品的时候，立即把东西从狗狗的嘴巴中抽出来。如果狗狗咬着不放，可以用手轻轻把其嘴巴扒开，然后把物品拿走。

在拿走物品的时候，主人可以反复地跟狗狗说："宝贝，不能吃。"要是狗狗不听话，仍旧不停地咬其他东西，主人可以斥责狗狗，或者轻轻地拍打它的鼻子、头部作为惩罚。

当然，还可以给狗狗一些洁牙骨或者狗狗咬玩具，这些专门为狗狗设计的玩具，不仅能够给狗狗当"咬"的玩具，还能磨牙。当狗狗不再撕咬东西的时候，主人可以给狗狗一些小点心当成奖赏。

让狗狗适应自己的名字

刚出生的狗宝宝或者来到一个新环境的狗狗，如果没有自己的名字，会很难适应新环境，也无法熟悉新主人。并且，想要和狗狗有良好的互动，需要让它首先认识自己。只有让狗狗借由名字认识到主人和自己之间的交流，主人才能对狗狗进行训练，让狗狗能够进行接下来的训练与调教。

第一步

先以食物或者玩具（大小以它不能吞咽为标准）作为诱饵，在叫它名字的时候晃动手中的诱饵，它看见了自然就会过来（这点是利用狗狗天生的探求反射）。

第二步

要一边用温柔的语气叫它的名字，一边抚摸或奖励它；当它表现不好时，则要使用比较严厉的语调；玩耍、出门时再用不同的语调。

第三步

狗狗的名字是吸引它注意力的有效手段。当狗狗确实知道自己的名字后，不要老是不断重复叫它的名字，这会让狗狗对名字不再敏感。应该使用不同的语调来吸引它，一旦某个语调引起了它的注意，你就可以对它下命令了。

如果拿的是食物，就直接喂给狗狗，然后抚摸它的背毛，俯拍它的前胸，这个动作主要是让它觉得你和它很友好，而且这样不会脱离你的控制；如果拿的是玩具，你要用手拿着给它玩耍，不要轻易让它抢走，但是玩几下就要给它，让它赢，这样它才会喜欢和你玩。在它吃和玩的过程中，要记得叫它的名字，让它习惯在有"好处"的时候听到自己的名字。这样大概一个星期后，它就会习惯在你叫它名字的时候主动过来了。

 温馨提示

（1）上面提到的每个要叫它名字的地方，不是只叫一次就够，而要多次欢快地叫它。

（2）在诱导它过来的时候，狗主人可以蹲下，以缓解它的紧张感。可以在晃动诱饵的同时，伴随着小幅度的缓慢拍手动作，并在它走过来的时候发出"好"的奖励口令。

原地转圈圈

基本上，转圈圈是个较为安静的互动游戏，听到口令后，不同的狗狗会有各自的发挥：有的狗狗会在原地走着转一圈，有的狗狗会在原地跳转一圈。一起来学习让狗狗学会转圈圈的训练，看看你家可爱的狗狗能做出怎样的转圈动作。

第一步

给狗狗戴上项圈，发出"坐下"口令，让狗狗坐下。

第二步

发出"转圈"的口令，并用手拿着玩具诱导狗狗跟随玩具转圈。这时，狗狗的头部会随着眼睛，跟着你手上的玩具而引导身体转动。

第三步

只要它转一圈，就给它玩具作为奖励。若没完成转圈，就不给它玩具。

完成

随着狗狗熟练度的增加，可将手拿玩具转的圈变得越来越小，也可视情况解开牵引绳。最后，只要用小小的手势或简单的"转圈"口令，狗狗就会自己原地转一圈，这样就算完成了转圈的动作训练。

翻滚

　　狗狗在玩游戏的过程中，常常会表现出"喜剧笑星"的一面，有时只是一个表情、一个简单的动作都能让人捧腹大笑。"2秒钟内360度翻滚绝技"就是一个简单的爆笑杂技。

第一步

　　先让狗狗学会"坐下"和"趴下"等基本动作，等狗狗能稳定完成这些基础动作后，再进行后续更高难度的动作。

第二步

　　抓着狗狗的身体或两只前脚帮助狗狗翻过来。狗狗有时会有反抗动作，狗主人可以让它先了解，"服从指挥＝有奖赏"，让它看一看你手上的零食或在翻动之前先摸摸它，让它的心情平静下来。

第三步

　　将狗狗的身体翻到肚子朝上的时候，发出口令让它先停住不动。如果它能够停住，请给予温柔的鼓励，抚摸它，给它一小块零食，让它联想到"翻过来＝获得奖励"，然后继续将它翻到肚子朝下，再给予另一次鼓励。

第四步

　　当狗狗习惯被你手动翻滚时，便可以加上"翻滚"的口令。此时的训练顺序就是："狗狗卧倒—翻滚口令—手动翻狗狗—翻到肚子朝上—给奖励—翻到肚子朝下—再次给奖励"。

完成

　　最后，你可以慢慢去掉手动翻它的步骤，直接用口令要求它自己翻滚，通常狗狗都会很聪明地自己翻滚起来。

帮狗狗
把耳朵掏干净

狗的耳道很长，经常会聚集粉尘、油脂、污垢等，堆积时间一长，狗的耳朵容易发出臭味，甚至会感染发炎。大耳朵的长毛狗更容易堆积污垢，使耳朵潮湿发炎，更应该经常清理狗的耳道。如果狗经常抓耳朵，或者耳朵有异味时，就代表该清洁它的耳朵了。

耳垢清除方法很多，现在有专门的宠物滴耳液，可用于清洁狗的耳朵。要是狗的耳朵比较小，可以用棉花棒沾滴耳液给狗清理耳道。给狗清理耳朵的时候，应该注意不要使狗狗感到疼痛。在护理狗耳朵的时候，也应该注意修整狗耳朵附近的毛发，以免狗耳朵里面聚集更多的污垢。

如何帮狗狗掏耳朵

清洁狗耳朵的时候，可以将将狗的头放到主人的膝盖上，让狗侧躺，一只耳朵朝外，固定住狗的头。然后将滴耳液滴在棉花棒上，将棉花棒放入狗的耳朵里面，慢慢

转动棉花棒，以便清理耳道。也可以把狗的耳朵外侧轻轻翻过来，扣在头上，让耳道露出来。滴进洗耳水，然后把耳朵翻回来，轻按耳朵，同时用手控制住狗的头，防止它甩出洗耳水，坚持几秒钟，让洗耳水流到耳道深处，再用棉花棒擦掉外耳及耳道内的脏物。接着，以同样方法清洗另一只耳朵。注意不能让狗抓挠耳朵或舔药液。

帮狗狗掏耳朵的步骤

1 Step

翻开外耳

把耳朵外侧轻轻翻过来，露出耳道，滴进洗耳水，然后把耳朵翻回来，轻按耳朵。

2 Step

坚持几秒钟，让洗耳水流到耳道深处，再用棉花棒擦掉外耳及耳道内的脏物。

帮狗狗
护理眼睛

狗狗会流眼泪，而且在眼睛两旁会留下褐色的固体物质。主要是因为狗狗的泪腺分泌较旺盛，由于泪管与鼻子相通，如果有脏东西进入眼睛里，就会导致鼻泪管堵塞，这时候狗狗就会不停地流泪。如果不及早疏通鼻泪管，就会引起眼睛发炎，致使狗狗不停地挠眼睛，对眼睛造成伤害。如果狗狗眼睛发炎，可以给狗狗的眼睛点红霉素软膏，每天

点上 1 ~ 2 次，一般 5 天就会见效，给狗狗眼睛用外用药膏要比用液体药水效果好。如果狗狗眼部没有炎症，当狗狗流眼泪的时候，可以找几根棉花棒，一只手轻轻抬起狗狗的下巴，另外一只手拿着棉花棒，轻轻地擦去狗狗眼角的眼泪和固体物质，保持狗狗眼睛的清洁。

如何帮狗狗清理泪腺

泪液长期浸渍在内眼角处，可能引起发炎，因此主人要勤劳地帮狗狗清理泪腺。平时只要把狗狗的眼睛撑开，用纱布沾上洗眼水轻柔地擦洗即可，要注意不可用棉花清洗，因为棉花容易黏住眼睛，会令狗非常难受。如果有过多的分泌物，可用硼酸溶液洗掉，清洗时要小心，如果滴在毛发上，可能会留下污渍。最后给狗狗滴几滴眼药水，可以让狗狗的眼睛更舒服。

1
Step

撑开眼睛

把狗狗的眼睛撑开，不可以太用力。要固定住狗狗的头部，不让狗狗乱动。

2
Step

以纱布清洗

将纱布用洗眼水浸湿，然后抹洗狗狗的眼睛。清洗时动作要尽量轻柔，以免将眼球弄伤。

3
Step

滴眼药水

滴几滴眼药水在狗狗的眼睛上，让狗狗的眼睛感到舒服一些。

让狗狗香喷喷

对症下药才能解决狗狗身上的异味：

• 如果是口臭，要经常为狗狗刷牙，还要让它多吃些洁牙类零食。

• 如果是耳朵有异味，应为狗狗清洁耳朵。宠物滴耳液或洗耳水就能轻松解决这个问题。要是耳朵发炎，应找兽医检查。

• 如果狗狗肛门很臭，那就要给狗狗挤肛门腺。如果长时间不挤肛门腺，狗狗的肛门就很容易发炎，并且奇臭无比。

• 如果狗狗得了皮肤病，也容易发臭、脱毛，最好立即就医。

让狗狗拥有一口好牙

　　狗狗的牙齿非常坚硬，它主要是用牙齿来咀嚼食物。当牙齿咀嚼完食物后，残存的食物会留在牙齿缝隙之中，如果不立即清理，就会出现口臭、长牙垢、牙龈发炎等问题。

　　主人可以每天为狗狗刷牙，但是不要用人类使用的牙膏，可以买犬只专用的牙粉，每周为狗狗清洗一次。也可以给狗狗吃一些洁牙的零食，这些东西也可以达到清洁牙齿的目的。

　　此外，食物的温度对狗狗也很重要。如果狗狗经常吃太热的食物，到了老年的时候，牙齿就容易脱落，所以食物最好不要超过50℃。

帮狗狗刷牙的步骤

1 Step

以牙刷清洗

在牙刷上挤上宠物专用牙膏，一只手把狗狗的嘴唇翻起，用牙刷上下左右刷洗它的牙齿。

2 Step

以纱布清洗

如果狗狗不喜欢刷牙，可以将纱布缠在手指上，擦拭它的牙齿和牙龈，对去除牙垢也很有效。

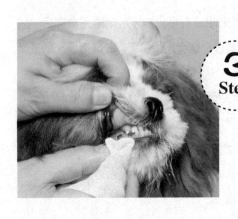

3 Step

擦拭按摩

用另一只手掰开狗狗的嘴巴，用戴纱布的手指轻轻擦拭牙齿和按摩牙龈。

让狗狗懂得尊重你的空间

　　小狗总喜欢接近它的主人，这意味着它们有时会侵犯主人的私人空间。主人们应该让它知道，每个人都拥有不容外人侵犯的私人空间。

给我一点爱

　　狗是社会性很强的动物，尽管已不再处于群居时代，但仍保持着对友谊的渴望。大多数狗已学会适应人类的生活方式，它们知道主人白天会离开它们去工作，晚上回到家中，然后万事俱安。它们理解主人们处理诸如洗碗、读书等事情的时候，它们不能插手。相比于在地上睡觉、撕咬玩具、自娱自乐等活动，它们更愿意做一些能引起主人注意的事情。

打击它们的自信

　　无论是狗不断地乞求主人的爱抚行为，还是仅仅满足于引起主人的注意，喜爱黏人的习惯经过或长或短的一段时间后总会让它们精疲力竭。以下是专家提出的给宠物狗安全感的建议：

　　不要经常奖励。优秀的宠物狗就像称职的推销员一样，假如它们知道主人最终会妥协的话，一旦一项表演未能引起主人注意，它们就会立刻推出另一项。

　　每次小狗接近时你都伸出手轻轻爱抚拍打它，它就会想："哈，他每次都服从我的命令。"防止这种"纠缠—奖励"模式发展的最好办法就是不要妥协。

　　假装没注意到宠物在亲你的手、蹭你的脚，等它做了真正值得表扬的事情，如当你命令它上楼时它立刻照做之类，然后给予它极大的注意和点心，使它感觉幸福。

谨慎地奖赏你的狗

　　漫画书 *Snoopy* 里的主人公曾经说过："快乐就像一只热情的小狗。"我们在下意识中习惯给予小狗很多关怀——在阅读时抚摸它们的耳朵、在无意中拍打它们……这种充满挚爱的"付出与享受"是人与狗之间如此热爱对方的原因。但是对于那些早已养成黏人习惯的狗，这几乎使它们不顾一切想要侵入你的空间。

　　小狗心里清楚哪些方法有效，哪些方法无效。如果你有意识地冷落小狗，而仅仅偶尔抚摸它一下作为安慰，小狗在几天之内就会意识到它的付出并没有得到回报，于是它会放弃这种方式的努力，但同时它也准备好了更加努力地以其他方式争取你的注意。

声音放低

　　人们在谈论自己的宠物狗时会习惯性地抬高嗓音，这和大人们讨论小孩子的时候总爱提高声调的习惯一

样。假如你想让它们放弃自己的行为的话，提高嗓门并不是好办法。小狗听不懂人的语言，但是它们懂得语调。也许你在说："笨狗，别爬到我身上来！"但是你的声音很高，那么小狗就理解成"来，爬到我腿上来"。

当你想要从宠物那里争取自我空间的时候，用低沉、冷漠的语调告诉它，让它明白你的意思。专家建议：先叫它的名字引起它的注意，然后说"去"或者"趴下"。

空间抢夺战

大多数狗仅仅因为它们感到孤单，需要关怀而侵犯主人的空间，但有些狗的目的刚好相反：把你赶走。狗天性喜爱身体接触，它们的身体接触不仅用来表达情感，还用来表达权威。一只狗推挤、撞击其他同类或人类是在声明自己的地位和权威。在你开门时挤开你两腿往前走，或者在一起时挤开你并占据大量空间的狗，从本质上都在传达一个信息：它是这里的主人。

这种态度一旦形成了，将会不可避免地导致更多麻烦，因此宠物训练员们都强烈建议及早将其遏制。

言出必行

人类的本性是谨慎、谦和的，但是小狗得寸进尺地侵入你的空间的时候，你就不应该继续保持谦和的绅士风度了。为狗狗制定几个简单的规则，自始至终地执行这些规则，而不是偶尔想到时才执行。

假设你决定了不让小狗上床和你一起睡觉，那就坚决把它赶下去，无论当它偷偷摸摸爬上床来时是多么可爱，都必须喝令它"下去"。同时还要确保家中的其他成员跟你步调一致，遵循同样的原则。要求它自始至终坚定和自愿地服从，这才是你所要的尊重。

改正狗狗的坏习惯

大多数的主人曾经遇到过这样的情况：不管见到谁，狗狗都会非常热情地扑向他。有时候，如果遇到怕狗狗的人，狗狗就会给对方造成麻烦。狗狗扑人是非常不礼貌的行为，当它有这种举动时，主人一定要矫正。主要可以从以下方面着手：

要对狗狗"讲道理"，不要斥责它，狗狗觉得扑到一个人身上是一种热情、撒娇的举动，并没有想到这样的行为会给主人带来困扰。所以，主人应该理解狗狗的热情。

1 碰到这种情况的时候，不要马上大声斥责或者动手打它，而要用比较平常的肢体动作跟它互动，将它推开，把它的热情浇灭，或者让它的情绪平复下来。狗狗太过黏人，一定要训练它，让它明白主人出门是一件很平常的事情，它应该习惯自己在家，同时还要让狗狗明白：主人们偶尔也会喜欢相对安静的空间。

- -

2 狗狗扑上来时，要马上驯服它。当狗狗扑上来时，绝对不要惊慌失措。如果主人是坐着的状态，可以马上站起来，让狗狗退开；如果是站着，可以马上后退一步，让狗狗碰不到。若是狗狗仍然不放弃，就用膝盖或身体把狗狗推到墙角。记住，不要一边用手推它又一边抚摸它，这样会让它混淆，以为主人是想亲近它。

- -

3 做基本服从训练。在狗狗想要扑人前，立即下达基本的指令和手势，例如坐下、趴下等，这些都是转移狗狗注意力的方法。

Part 5

建立你与狗狗之间的信赖、亲密关系

狗是我们忠实和亲密的朋友，

它是我们**生活的助手**，分享我们的喜怒哀乐，

在家庭生活中，它是我们家庭中活跃的一分子。

我们只有更了解它们，才能和它们建立**亲密关系**。

和狗狗建立亲密关系的窍门

在与狗狗相处的过程中，讲究一点小技巧，会让我们与狗狗相处得更和谐愉快哦！

饮食 ▶ 主人要根据狗狗的个头大小和能量需求，为狗狗提供合理丰富的狗食。每餐要保证狗狗吃得健康和营养。

起居 ▶ 每天留出一些空闲时间，陪狗狗玩耍，让狗狗在户外尽情释放能量，和其他狗狗交朋友。每天适当的运动可以让狗狗释放能量，有助身体健康。

护理 ▶ 给狗狗定期接种疫苗，防治狗狗身上的寄生虫，保持清洁，避免跳蚤、虱子类的寄生虫侵袭狗狗。如果狗狗有任何不适，就要请兽医医治。

奖赏 ▶ 狗狗是群居性动物，渴望得到主人的理解和关注。所以在生活中，主人要给予狗狗更多关注，当它完成你希望它做的事情时，应该马上给予奖励，一块狗饼干或者摸摸它的头，赞赏它"真棒""好狗狗"以示奖励，狗狗都会很开心。

理解 ▶ 当狗狗表现出一些本能的行为，例如摆弄其他动物的粪便、追着嗅闻其他狗狗的尾部时，作为主人的你都不应呵斥它，只要用一点食物或一件玩具将它的注意力从那些对象上引开就好了。

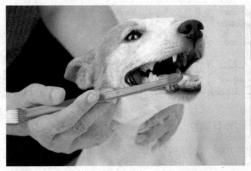

关爱

狗狗渴望得到主人的关注和陪伴，不喜欢长时间的独处，主人不闻不问、不冷不热的态度对狗狗是很残忍的，时间久了还会导致一些狗狗行为问题的发生。因此，主人要适时地陪伴和关心狗狗，给予它应有的关爱。

排泄

给狗狗提供一个固定的排泄场所，耐心教会它到指定的地方排泄，并且及时清理排泄物，给狗狗一个干净舒适的居所。

安全

狗狗很容易因为陌生人或者陌生环境感到紧张，如果主人在外出时发现狗狗出现吐舌头、打哈欠、转头东张西望等肢体语言时，就要明白狗狗现在很紧张，它希望尽快离开这个地方。

独立空间

狗狗很聪明，如果主人不是真心实意地在陪它玩耍，它能感觉得到，并同时也表现出不开心。此时，你可以给狗狗一个独立的空间，让它觉得待在这个地方很安全、很放松。直到它的心情好转了，觉得主人开始关注它的时候，它就会高兴地跑到你身边。在狗狗和孩子们疯玩累了的时候，它也需要这样一个地方躲起来，不受打扰地好好休息一下，或是美美地睡上一觉。

"狗狗行为教育"，
让狗狗生活得幸福快乐

"狗狗行为教育"指的是将狗狗和人类共同生活所需要学会的重要指令或动作，以简单易懂的方式教会狗狗，让主人和狗狗的日常生活过得舒适安全，而且彼此间不给对方带来困扰和压力。

狗狗需要学会的基本指令包括如厕训练、社会化教育、习惯人类对它们的护理行为等，这些都是狗狗需要掌握的行为教育内容。

狗狗掌握了这些基础行为教育内容，才能更加适应人类社会环境，更容易融入家庭生活，成为我们家庭生活中活跃的一分子。

误区：行为教育≠训练

很多人将狗狗的行为教育与日常训练混为一谈，但其实这两者是截然不同的两种概念。

行为教育类似于教育理念。对于现代家庭生活中饲养的宠物狗而言，对其实行的行为教育，更多是希望狗狗在不同情境下能够正确理解主人的指令，做出符合主人期望的行为，而不是依靠单纯的一口一个指令去机械地完成任务。

这就好比我们人类社会生活，我们在学习和工作中更多是在学习一种思维方式，运用这种思维方式去解决不同的课题，而在解决问题的时候，我们会运用到实际的操作方法。这就好比是行为教育和训练的区别之处。

误区：行为教育≠才艺训练

　　我们总是希望自己的狗狗能聪明出色地完成更多的指令。当然，经过特定的训练，狗狗是可以学会如转圈圈、接飞盘、换手、握手等令人欣喜的技能，但这却不是狗狗必须掌握的基础技能，也不是所谓的行为教育的内容范畴。当然，让狗狗学会握手、换手等技能对于护理狗狗身体有很大帮助，但在大多数情况下，这些技能是用不到的，也不会影响狗狗和饲主间的感情交流。才艺训练让我们的狗狗显得可爱又聪明，但却不等于行为教育。

问题行为？
要让狗狗拥有安全感

出现问题行为的狗狗大多没有安全感

　　我们人类在处于压力环境下会表现出与平时精神状态下不同的自己，负面情绪的积压会导致人做出不合理的事情，而狗狗同样如此。

　　问题行为大多发生在那些没有安全感或者不自信的狗狗身上。有些狗狗因为非常容易感到紧张、不安，环境的稍微改变就能使它感到压力重重，在极度不安中，很容易就发生行为失控的问题。

　　目前已知有三个原因容易使狗狗感到不安，分别是"早期离乳""社会化不足"以及"过度强调支配与服从观念的行为教育"。

何谓"早期离乳"和"社会化不足"

　　早期离乳指的是狗狗在离乳期前就把它和兄弟姐妹拆散的行为。狗狗出生后应该要让它待在狗妈妈的身边 50 ~ 60 天，没有度满离乳期的狗宝宝容易出现不安的倾向。但是现在宠物店里的狗宝宝大多只是在 40 日龄就与狗妈妈离散，因此我们从宠物店里买回去的小狗有些就容易出现不安情绪而导致行为问题的产生。

社会化指的是让动物个体习惯将来生活时可能面对的环境刺激的一种过程。每一种哺乳类动物都有其最适合学习的黄金时期（又称为社会化时期），而狗狗的社会化时期是在 3 ~ 4 月龄之前，在这两个月的时间里，狗宝宝会跟着狗妈妈学习与其他同伴间的基本沟通方法，并学习与人类相处的方式。如果狗狗错过了成长阶段中重要的社会化时期，就会导致它们因为社会化不足而对人类的各种刺激感到不安。

过度强调支配与服从观念的行为教育会让狗狗不安

"强调支配与服从观念"的行为教育，会让主人一看到狗狗做出不符合期待的行为，就马上责备并纠正它。但是责备只会让狗狗觉得不管自己做得再怎么好，都只会遭受一顿痛骂而已。

狗狗的行为几乎都是源于某种心理层面的欲望，而责骂会让狗狗不知道该如何满足自己的欲望，学不会正确的行为，长此以往就会让狗狗处于无所适从且不安的状态，并陷于紧张、焦虑的压力下，就很容易爆发问题行为。

如何让狗狗拥有安全感

针对这三个原因，让狗狗拥有安全感才是解决问题行为的关键。为了达到这个目的，就需要做到以下三点：

1 避免收养或购买早期离乳的狗狗。

2 把握狗狗的社会化黄金时期，让狗狗获得充分的社会化教育。

3 避免用强调支配与服从的观念来教育狗狗，避免用责骂的方式纠正狗狗的问题行为。

狗狗的"社会化教育"有黄金时期

　　社会化是指让动物个体去习惯将来生活时可能面对的环境刺激的一种过程。对于狗狗而言，社会化过程不仅仅是接触不同的狗狗、和同类玩耍，由于狗狗作为家庭成员的一分子生活在人类社会里，因此还要习惯来自人类生活的习性，其社会化过程还应包括接受人类社会生活的各种刺激。

　　无法顺利习惯人类社会中各种刺激的狗狗，也即是没有完全完成社会化过程的狗狗，很容易感到不安并陷入焦虑状态，最终导致问题行为的发生。

　　既然狗狗生活在人类社会里，那么人类社会中可能遭遇的各种声音、物体、场所、交通工具、人类、猫、鸟等，所有只在狗的世界中所无法体验的环境刺激，都应该让它们学着去习惯。

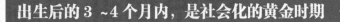

出生后的 3 ~4 个月内，是社会化的黄金时期

其实，狗狗的一生都在进行社会化教育，但是在这个过程中，有一段时期是最适合进行社会化教育的黄金时期。不过这个黄金时期只有短短的两个月而已。

狗狗的初期社会化与它们的离乳期重叠，从出生后 3 周起一直到 50 ~ 60 日龄间，狗狗会在繁殖业者身边学习与其他同伴的基本沟通方法，并通过与繁殖业者的互动而开始接触人类，并习惯人类的行为刺激。这一时期对幼犬的社会化过程非常重要。

有些早期离乳，但幸好是尚未结束社会化黄金时期的狗狗，对同类或其他动物的社会化时期会持续到初生后 3 个月，对其他刺激的社会化时期则会持续到 4 个月左右。

如果饲主养的狗狗尚不足 4 个月月龄，就请尽快积极地为它进行社会化教育，至于"坐下""等一下"等指令，晚一点再教也无妨，因为那随时可以进行。

狗狗的社会化教育是持续一生的

即使狗狗错过了社会化教育的黄金时期，也不是没有挽救的办法，因为狗狗的社会化教育是持续一生的行为。只要饲主持续地为狗狗进行正确的社会化教育，即使进展缓慢，还是能够帮助狗狗成功地社会化。

惩罚和批评狗狗有技巧

　　不管是小狗还是成年的狗狗，都会犯些小错误。狗狗犯了错误，需要我们通过管教和批评，让它了解什么是正确的、什么是错误的行为。

　　那么，如何惩罚狗狗呢？对于狗狗的管教应该更多地采用批评方式。当然，就算是打，也要讲究技巧。

技巧一：
连打带骂

技巧二：
借助工具

狗皮可比人皮厚多了，就算是真打，你的手可能疼了，但是狗狗却没啥感觉呢。但是在大多数情况下，管教狗狗还是要以批评为主，以"打"为辅。毕竟狗狗有时并不是真的能意识到自己这样做是不应该的。

狗狗不太容易觉得疼，但是这里说的"借助工具"，不是说借助工具的力量把狗狗打疼，而是借助那些可以帮你夸大"打它"这件事的工具。宠物店卖的"爱心棒"就是这样的工具，打在狗狗身上没有多疼，可是会啪啪作响，会让狗狗觉得害怕。

或者，你也可以简单地夸大"打"的动作，让它印象深刻。卷一个报纸卷，报纸卷打在狗狗身上也会夸大打的声音。每回要打它的时候，高高举起手，让它看清楚你是有意要用那个东西打它。几次下来，看到你高举报纸卷时，它就会自动变乖了。

温馨提示

狗狗很聪明，它能从人类的语气和声调中了解我们的情绪，所以当狗狗犯错时，我们要立刻严厉地斥责它，声音要比平时大许多，态度要坚决果断，大声叫狗狗的名字，或是发出固定的声音指示，都能让狗狗了解它现在做的事情是你不喜欢和不允许的。

如何领导你的狗狗

要当好领导，首先就要能清楚地交流，并保持前后一致。狗在误会的时候不会推理，不会猜测，也不会问你问题，因此你就要绝对清楚地表达你要它们做什么。另外，狗狗不欣赏优柔寡断的狗主人，你必须制定并坚定不移地执行一些基本规则。这样的话，它们就会知道你期待它们做什么，从而做出更好的反应。下面有几条关于如何成为并一直充当你的狗狗最信任的领导的建议。

保持一致

当你的狗从不同的人那里得到不同的信息时，它会感到困惑。更糟的是，它可能会认为既然有两套（或更多）规则，那人类发布任何规则都可以推翻。因此很重要的一点是，要为狗狗制定合理的规则，并确保你家的每一个人都对此保持一致。比如，如果你不想你的狗跳上沙发或床，整个家庭就都要坚持这一点——这也意味着不要让它跳上桌子或椅子。

采取坚定立场

永远不要允许或鼓励狗狗挑衅和淘气的行为。当小狗和你玩时咬你的手或是跳到你身上，这确实很可爱，但当它长大后，此类行为就不再可爱了。

狗对表扬也会做出反应。事实上，当狗得到积极反馈的时候，比如它立刻坐下时给予表扬，或你一叫它就过来时给它些吃的，它就会更快地学会你要它学的动作。

强化好的行为

有些狗从不按要求做任何事，它们想来就来，想躺哪儿就躺哪儿，想不理你就随时都可以不理。毫无疑问，这些狗的态度有问题。改变它们态度的一个好方法就是让它做事，然后给它奖励。那样的话，狗就会很快知道快乐来自讨好你——它的主人。

要知道狗是一种有习惯性行为的动物，在它的观念中会认为"我曾经这样做过，以后就可以继续这样做下去"。所以，你的一次心软，很可能让训练计划前功尽弃。

此外，有些时候，狗会比你想象的更聪明，它们也会坚持，步步为营，最终达到目的。这时候，你就要冷酷到底。例如，你不希望它上沙发，就要绝对禁止。如果一旦得逞，它就会认为"这沙发是属于我的，我可以在上面，只要主人看不到就OK"。

坚持到底

不但你自己要冷酷到底，还要约束你的家人。很多时候，男人更容易妥协。对人来说，这是男子汉的宽容，但是对狗来说，这可就是纵容了。很多时候，你要与自己的家人建立一个"君子协定"。

就像你对它的宠爱不会轻易改变一样，对它的要求也不能轻易改变。如果狗以前一直在做某件事，而你却突然地制止它，它也会迷惑不解，甚至会认为"为什么主人不再爱我了"。所以你要给它建立一个生活计划，并且与家人统一——哪些事情可以做，哪些地方可以去，哪些行为应当受到控制。

不要轻易改变

狗狗不知道的事

狗听到的未必就是人所说的那些话。知道为什么会发生这种误解，就会离我们和狗清楚地交流更近一步。

我们花很多的时间和狗在一起，对它们非常了解，但是我们要记住：我们和狗是完全不同的两个物种，交流方式迥异。这就是为什么尽管我们出发点是好的，但偶尔还会发出让狗误解的信号。我们给狗传递了一个信息，但和我们的本意大相径庭。

狗狗在后院很高兴地叫，如果你大叫一声"安静"，你的狗就会开始叫得更响，这就是个典型例子。你认为你的信息够清晰了，但狗狗把你的叫声完全理解错了。它可能在想："太好了！他也在叫，那现在让我们一起叫吧。"

这种误会是可以避免的。一旦你理解了狗是怎么想的，就会知道如何采用狗能够清楚无误地理解的方式来和它交流。

肢体语言的不同

　　人和狗经常发生误会，因为它们对肢体语言的理解不同。对人和狗来说，手势、姿态甚至面部表情都有不同意思。比如说微笑，人们认为是友谊和快乐的表现，但狗在进行攻击性行为时也常常会"微笑"，于是它们认为人类也是这样的。因此你好心和它打招呼，想让它更自在些，结果却遭到冷遇。

　　当然，这并不是说你就得对狗板着脸。狗对主人的理解比我们想象的要好，即使人类的信号与它们的不同，它们也能学会理解。但当我们在街上或在别人家遇上不熟悉的狗时，你最好暂时不要微笑，等狗和你熟悉了再说。

　　目光接触也是一样。这对人类来说是礼貌和自信的表示，人类如果直视对方的眼睛，就会受到对方的尊敬，而那些避免目光接触的人则显得心神不定，甚至鬼鬼祟祟。但狗正好相反，目光直视被视为一种挑战或威胁，一条狗如果直视另一条狗的眼睛，它是在说"我是这里的老大"。另一条狗如果是性情平和的那种类型，就会躲开它的目光；但是如果它性情不那么温顺，就会瞪眼回视，这意味着它不打算退缩，做好了打架的准备。

　　狗当然能够理解人类的目光接触是能接受的，但这种理解需要时间。当你和一条你并不熟的狗打招呼时，你注视着它无意中就冒犯了它。如果这样，狗会不太信任你；如果更糟的话，它甚至会咬你。一种更好地和狗打招呼的方式就是朝其他地方看。这给它们接近你的机会，它们能在不感到威胁的状态下嗅嗅你。一旦你们熟悉了，它们就会知道人类不了解它们世界里的规则，也就会原谅你的"失礼"。

　　我们偶尔也因为身体姿态的缘故发出错误信息。人们说话的时候常常摆手，或者他们会站起来张开双臂做拥抱状。从狗的角度看，这些大幅度的动作和飞快的手势让它们不知所措，因为狗并不是这样打招呼的，它们的表达方式较间接：它们悄悄地向陌生人走去，慢慢走上前去以免引起怀疑。这就是为什么当有人太快地接近狗时它们会避开。你的诚恳、你的好意、你的热情看起来似乎会带来威胁，至少在它们熟悉你之前是这样的。

声音信号

　　狗经常会误解人们对它说的话，它们觉得理解你说的话很困难，因此去捕捉其他信号，比如你嗓音的音质和语调，从而帮助它们来理解你的意思。这意味着你要把这些信号和你说的内容保持一致，这样才能确保狗能理解你的意思。

　　比如，嗓音很尖的人在给狗发布命令的时候要特别注意让自己的声音听起来低沉有力。如果不是这样，狗可能觉得并不是非照你说的做不可。嗓音低沉的人在表扬它们的狗狗时有困难，因为他们可能很难把音调调高来传递快乐和赞许的信息。

　　人们使用错误的语调时也会让狗迷惑。比如，你在命令的末尾加上一个问号，狗可不会意识到你希望它做事；同样地，如果你用太严肃的语调和它说话，它可能认为你冲它发脾气，也就不愿来理睬你。

发出清晰的指令

　　一旦你知道狗是怎么想的，那么按照狗狗能理解的方式去说去做就不难了。这值得你花力气，因为对狗来说人类世界和它们的区别太大了，而且很让它们迷惑。如果你能和它很清楚地交流，并明确告诉它该做什么，它就会觉得自信，也就愿意照着你的指令去做。

1 ## 🐾 前后一致

　　假设你在学西班牙语，如果有一天有人告诉你"adio"的意思是"你好"，第二天又有人说这个词的意思是"再见"，那你就会彻底被搞糊涂。狗也会碰到这种问题，有时候它们在桌边求你给点好吃的时候我们把它轰走，但第二天我们又说"只此一回"。这样反复无常会给狗带来很大的困惑。

　　避免沟通障碍的最好方式就是做到前后完全一致。如果你不希望你的狗在桌子边讨吃的，就别在那里丢给它食物，永远都如此。如果你不想它爬上沙发，就说"走开"，而且要说到做到。无论何时都要用同样的命令。在学习和人类相处过程中，狗其实是在学习一种新的语言，给它们前后一致的信息能让它们更容易理解它们被期望做什么。

2 ## 🐾 做给它看你想要什么

　　告诉你一件事，你却理解不了究竟该做什么，没有什么比这更令人沮丧的了。狗经常会碰到这个问题，就像外国旅游者不懂中国语言，他们可以从你的语调上来判断你要的东西，但却一点都不知道你在要什么。

　　打破交流障碍的快捷方式就是做给它看你想要什么。换句话说，如果你看到狗要做错事了，就演示给它看怎么把事情做对。

　　比如，当它看起来要在地毯上拉屎，就带它到外面去，然后再表扬它。如果你叫它离开，它却不挪窝，你就要把它推开。当它在不该去的地方东闻闻西嗅嗅时，你要走过去把它转过身来，给它一个"离开"的命令。把命令和这种直接的动作结合起来，当它照你说的做时要加上表扬，这就能使狗更容易理解你说的话。

狗狗意外伤害急救

狗狗在日常生活中可能遭遇的意外伤害及紧急处理方法如下：

1 车祸

　　轻轻将狗狗抱起，放在大毛巾、纸箱或篮子里，一面准备车辆，一面联络医院。在赶往医院的路上，轻轻地清理污秽。若出现呕吐、窒息、呼吸困难，可以将狗狗的头部朝下，拉出舌头。如出现发冷症状，可用大衣、毛毯裹住它的身体以保温。

2 烧伤

　　可用冷水、冰水轻敷，包上消毒纱布，并保持湿润。

3 中暑

狗狗中暑的反应是高烧、急喘、四肢无力、抽搐、流涎。应立刻将其移至阴凉处或泡冷水、冰水，持续测量肛温；如果狗狗感觉到冷就立刻加温，并且尽快送医院。

4 中毒

症状是腹部紧实、狂叫、上吐下泻、抽搐、颤抖、呼吸沉重、昏厥、出血。此时先查看狗狗吃了什么药物，把药物标签或药物一起带着送医院。腐败的食物、油漆、杀虫剂、农药和强酸强碱的食物，或有毒的菌类、清洁剂、漂白水、安眠药、镇静剂、感冒药，都有可能造成中毒。

5 割伤、咬伤

可用肥皂水洗净伤口，并压挤止血，用消毒纱布或干净毛巾包裹后送医院。

6 骨折、脱臼

如果从高处落下、被车撞、被殴打，狗狗就有可能骨折或脱臼。骨折后，骨头的断端以下会松塌地拖着走，主人可以轻易察觉；脱臼时，狗狗的脚不敢着地。此时可以先进行简单的固定，一面清除污渍，一面找家能拍摄 X 光片的医院，尽快就医。

7 晕车、晕船

黏膜和牙龈变苍白，会呕吐、流涎，休息一段时间后会好转；上车上船或上飞机之前 8 小时内不要让狗狗进食、喝水，或请医生开药事先服用。

8 毒蛇咬伤

切开伤口，挤出毒血，在靠近心脏处用止血绷带绑紧，半小时后松绑再扎紧。要查明是哪种蛇咬伤的，以便速购抗蛇毒血清及采取其他方法处理。

狗狗年老的征兆

七岁以上的狗狗就已经算是进入老年期了，这里介绍一些老年狗狗常见的特征，以帮助你判断爱犬是否已经进入这一阶段。

听觉方面的改变

年老的狗狗常有丧失听力的现象。如果你在呼唤它的名字或在对它下指令时，它没有任何反应，或者有时候会无故地狂吠，那么它的听觉可能是丧失了。

排尿方式的改变

过度口渴、尿频或无法控制排尿，常常是狗狗的肾脏出现问题或患糖尿病的症状，可能是因为其体内激素失调所造成，割除卵巢后的狗小姐常会有这种问题。如果你发现爱犬大小便失禁，请立即带它就医。

饮食习惯的改变

年老的狗狗较容易出现牙齿和牙龈方面的疾病，并且因为牙龈发炎或牙齿松动，会出现食物从口中掉落甚至拒绝进食的现象。

身体方面的改变

如果狗狗出现咳嗽、呼吸困难、经常疲劳等症状，则表明它的身体已经渐趋衰老。

视力的改变

年老的狗狗眼睛可能会出现一些蓝色薄膜，属于正常现象，不会影响它的视力。但是如果出现雾状的白内障，则很可能会导致其视力丧失，应该请专业的兽医加以诊治。

年老狗狗
的特别照料

狗狗在老年阶段会有许多生理上的改变，在这个时候特别需要更细心的照料。老年狗狗的常见问题包括糖尿病、肾脏疾病、激素失调、关节炎、心肺疾病、白内障、牙龈疾病和肿瘤等。

因此，定期、规律的健康检查对年老狗狗来说是不可缺少的。除了每年要接受预防针注射与健康检查之外，还必须经常与兽医谈谈它的特别情况，平时要注意观察它是否出现一些年老狗狗常见的问题。另外，很重要的一点是当它出现某些问题的征兆时，应及时将这些征兆记录下来，并咨询兽医。

要定期测量年老狗狗的体重

因为肥胖与疾病密切相关。为了避免年老狗狗出现肥胖的情形，应少喂食点心或剩菜剩饭，并且天天带它做运动。采用散步和游戏等比较和缓的方式，并且每天坚持，但要注意运动量不能过大。运动不仅可以帮助狗狗消耗多余的热量，也可以减轻关节炎给狗狗带来的疼痛，还可以促进其体内循环与消化。事实上，如果没有任何运动的话，关节炎可能会变得更严重。

注意不要移动年老狗狗的床

应该保持床体干燥，且不要直接对着风口，尽量避免过热或过冷的环境。固定的作息对于年老狗狗来说，能够保持生理上、心理上与情绪上的健康。吃饭时间、睡觉时间、散步或玩耍时间也都要有规律，每天都应该保持一致。作息不正常可能对它造成心理压力。外出度假时，最好把年老狗狗交给好朋友代为照顾，而且最好能够在你家中照顾。因为对于年老狗狗来说，搬迁或到一个陌生的新环境中会给它造成非常大的精神压力。

年老狗狗
的特别护理

　　年老狗狗的特别护理包括维护牙齿和牙龈的健康，经常给狗狗洗澡保证皮毛的健康等方面。年老狗狗特别容易患牙龈疾病，牙齿上也容易产生牙结石，因此，定期带它看牙医是相当重要的事情。除此之外，也可以咨询专业兽医，找出照顾它牙齿的健康方式，定期亲自为它检查牙齿。

　　定期为年老的狗狗洗澡也是必需的。洗澡结束时，一定要记得帮它擦干，这样狗狗不仅看起来会更漂亮，心情也会更好。

　　另外，每周至少要抽出一天的时间为狗狗做特别的梳理，这样可以帮助它分散皮肤油脂、预防皮屑并放松情绪，并且能保持毛发健康。

　　你也可以利用这个机会，检查年老狗狗是否有皮肤病、皮肤上或皮肤内是否有肿胀等情况。

年老狗狗
的情感需求

狗狗在老年阶段，许多生活习惯都会改变。年老狗狗可能不像以前那么敏锐和好动，可能会因为某些疾病变得异常疲倦或感觉疼痛。身为狗狗的主人，你必须敏锐地察觉它现在正在遭遇什么问题，也必须了解它心理上的变化。

这个时候，你应该耐心一点儿，因为狗狗的反应可能会比较迟钝，有时甚至完全听不到你的召唤。更重要的是，为了尽可能使年老的爱犬生活得更舒适，应尽量多花时间陪它散步和做游戏，这些额外的关怀对它非常重要。有了这些特别的呵护，年老的狗狗可以在它最后的这段日子里过得舒适和愉快。

狗狗**最后**的时光

当年老狗狗变得愈来愈虚弱时，它对主人的依赖也与日俱增，而主人也会更加疼爱多年的伙伴，但不可避免的是死亡还是会到来。死亡有时候来得非常突然，对饱受折磨和疼痛的狗狗来说，这其实是一种解脱。

身为狗狗的主人，必须为它做出"安乐死"的决定。安乐死的程序大致上跟狗狗做手术前进行麻醉是相似的，唯一不同的就是安乐死会给予过量的静脉麻醉剂。整个过程是完全无痛的，仅仅需要3～5分钟，它就会失去意识。

狗狗的土葬不常见，因为很难找到合适的地点，所以大多用火葬，并安置在宠物的安乐园里。

最后，要抑制自己的悲伤情绪，在以后的日子里，在心中回忆曾经和狗狗一起度过的欢乐时光。